JN006595

バーチャルリアリティ学ライブラリ **2**

神経刺激インタフェース

日本バーチャルリアリティ学会 編

青山一真 編著

コロナ社

刊行のことば

　今日，バーチャルリアリティ（VR, virtual reality）は誰もが知り，多くの人々が使う技術となった。特に，ヘッドマウントディスプレイ（HMD, head mounted display）を用いたゲームやスマートフォン向けの360°動画などは広く普及しつつある。安価なHMDが普及し始めた2016年はいわゆる「VR元年」などと呼ばれ，2020年からのコロナ禍ではリモートで現実さながらの活動を支援するVR技術にさらに注目が集まった。現在では，医療，建築，製造，教育，観光，コミュニケーション，エンタテインメント，アートなど，さまざまな分野でVRの活用が進んでいる。VRは私たちの社会生活に少しずつ，かつ確実に浸透しつつあり，今後はメタバースのような社会基盤の基幹技術としてさらに重要度を高めていくと考えられている。

　The American Heritage Dictionaryによれば，バーチャル（virtual）とは「みかけや形は現物そのものではないが，本質的あるいは効果としては現実であり現物であること」とされており，これがそのままVRの定義を与える。端的に言えば，VRとは「現実のエッセンス」である。すなわち，VRは人間のありとあらゆる感覚や体験，その記録，再生，伝達，変調などに関わるものである。一般にイメージされやすい「HMDを用いたリアルな視覚体験」は，きわめて広範なVRのごく一部を表現しているにすぎない。

　日本バーチャルリアリティ学会は，黎明期のVRを育んだ研究者が中心となって「VR元年」のはるか20年前の1996年に発足した。以来，学問としてのVRは計算機科学，システム科学，生体工学，医学，認知心理学，芸術などの総合科学としてユニークな体系を築いてきた。学会発足から14年後の2010年に刊行された『バーチャルリアリティ学』は，当時の気鋭の研究者が総力を挙げて執筆したものである。同書では，VRの基礎から応用までを幅広く取り

扱っている。「トピックや研究事例は最新のものではないが，本質的あるいは効果としては VR を学ぶこと」ができ，時代によって色褪せることのない「VRのエッセンス」が詰まっている。しかしながら，近年の VR の進展はあまりにも目覚ましく，『バーチャルリアリティ学』を補完し，最新のトピックや研究事例をより深く取り扱う書籍への要望が高まっていた。

「バーチャルリアリティ学ライブラリ」はそのような要望に応えることを目的として企画された。『バーチャルリアリティ学』のようにさまざまなトピックをコンパクトに一括して取り扱うのではなく，分冊ごとに特定のトピックについてより深く取り扱うスタイルとした。これにより，急速に発展し続ける VR の広範で詳細な内容をタイムリーかつ継続的に提供するという難題を，ある程度同時に解決することを意図している。今後，バーチャルリアリティ学ライブラリ出版委員会が選定したさまざまなテーマについて，そのテーマを代表する研究者に執筆いただいた分冊を順次刊行していく予定である。

くしくも『バーチャルリアリティ学』の刊行からちょうど再び 14 年が経過した 2024 年に，委員や著者，また学会の協力を得て「バーチャルリアリティ学ライブラリ」の刊行を開始できる運びとなった。今後さらに VR 分野が発展していく様をリアルタイムで理解する一助となり，VR に携わるすべての人々の羅針盤となることを願う。

2024 年 1 月

清川　　清

ま え が き

　本書は日本バーチャルリアリティ学会編のバーチャルリアリティ学ライブラリの第2巻として，同学会研究委員会の1つである，神経刺激インタフェース研究委員会にて企画した書籍である。この書籍では，VRの中でも先端的な内容である神経刺激インタフェースという分野を取り扱っている。

　お読みいただくにあたり，できるだけ本書のみで神経刺激に関する基礎研究から実応用までおおよそ理解できるように構成した。一方で，バーチャルリアリティ（VR, virtual reality）という近年では耳なじみとなってきた技術・学術分野において，神経刺激がどのように研究されて発展してきたのか，現在の神経刺激技術はVR分野においてどのように考えられているのかといった，神経刺激以外の技術との対比の関係はVR技術に精通しなければ理解することが難しいだろう。神経刺激には刺激するための目的があり，その目的を達成するためには神経刺激を利用する利点と欠点が存在する。読者諸氏の神経刺激への理解を深め，今後神経刺激の研究や利活用を検討する際には是非とも『バーチャルリアリティ学』をご一読いただきたい。

　昨今ではヘッドマウンテッドディスプレイ（HMD, head mounted display）が安価で販売されるようになり，さまざまなコンテンツも充実してきていることから，VRという用語からは頭にかぶって使う装置を思い浮かべる方が多いのではないだろうか。一方で，VRを題材にしたアニメや小説，漫画などのコンテンツも数多く見受けられるようになってきている。そうしたコンテンツの中には，神経刺激を利用して高度なVR体験を実現しているという「背景設定」がなされており，神経刺激が未来のVRやAR（拡張現実，augmented reality）技術と目されているといってもよいだろう。このような背景設定をもつコンテンツとして有名なアニメーション作品としては，『攻殻機動隊』が挙げられる。

比較的新しい作品としては『ソードアート・オンライン』や『アクセル・ワールド』が明示的に神経刺激を使っている設定であるといえる。どの作品も非常に素晴らしい作品であるので，本書読者には是非ともご覧いただくことをお勧めする。

　このように SF（science fiction）作品の世界でも取り上げられてきている神経刺激手法がこれまでどのように VR 分野にて発展し，どのように利活用されてきたのかを，本書では詳しく解説している。本書読者には神経刺激のこれまでを本書で学び，神経刺激インタフェースの未来を考える一助としていただきたい。

　VR において，感覚提示や感覚変容の技術が非常に重要であることは，本書読者は既にご理解いただいていることと思う。神経刺激インタフェース研究においては，感覚提示ディスプレイ技術として利用されている例が多く見受けられる。最もポピュラーなものとしては指や手などの皮膚上に電極を設置して電流を印加することで触覚を生起させるものだろう。経皮電気刺激のもつ能力は感覚の提示だけではない。近年では製品としてもよく見かけるようになってきたが，筋電気刺激は筋肉を電気刺激によって収縮させることで，運動を誘発する技術や，脳を電気刺激や磁気刺激によって刺激することで脳機能を高める刺激手法などが存在する。さらに，唾液腺などの漿液腺分泌に介入する電気刺激の研究なども存在する。

　これらの多数の神経刺激は VR 分野以外に利活用先があり，各分野で利用される刺激手法に関する知見が集約され，書籍やレビュー論文としてまとめられている。一方で，VR 分野においては神経刺激による感覚提示手法や運動誘発手法に関してまとめられた書籍などはない。これは，利用される神経刺激が多種多様で，応用先も刺激の特性に合わせて多様だからと考えられる。このため神経刺激を広範に扱う研究に取り組むハードルは高いといえるだろう。本書が神経刺激インタフェースの研究を志す学生・研究者諸氏の手助けになる書籍となればよいと考えている。

　また，神経刺激インタフェースの研究や開発を行う際に問題となりえるの

が，その安全性である。安全性に関する知見は実施されたこれまでの研究によって日々更新されている。一方で，神経刺激インタフェース研究をこれから始めようと考えている学生・研究者諸氏には，ある程度専門の知識がなければ理解しにくいところもあるだろう。本書では神経刺激において世界的に受け入れられつつある安全性のガイドラインについても詳しく解説している。ご注意いただきたいのは，神経刺激はそのメカニズムが完全には解明されていないことや，手法によっては侵襲性が高いと考えられるものがあること，長期的な影響がわからないことから，本書で取りあげる既存のガイドラインが必ずしも安全性を保障するものではないということである。

　神経刺激と一口に言っても，さまざまな神経刺激手法がある。最もわかりやすいものは電気刺激だろう。電気刺激はその名のとおり，身体に電圧や電流を印加して神経系に働きかける方法である。電気刺激以外にも，磁気刺激や超音波，ひいては薬剤を使った刺激も神経刺激ということができるだろう。本来であれば神経刺激はこれらすべてを網羅した技術領域であるが，本書はVRに関連した神経刺激を扱うものとする。VRにおいてよく使われる神経刺激としては，やはり電気刺激が他の刺激手法と比較してはるかに多いだろう。これは，電気刺激がコストの面でも扱いやすさの面でも，刺激装置のサイズの面でも他の手法より優れているためである。このため，本書では一部電気刺激以外の手法も解説するが，多くは電気刺激を対象としている。また，電気刺激もさらに細かく分類することができる。針などを電極として利用するために身体に挿入して刺激する侵襲的な手法と皮膚上にゲルや皿電極を設置して電流を印加する非（低）侵襲な手法である。非侵襲な手法を経皮電気刺激と呼ぶ。非侵襲な手法で神経を刺激することが可能であることから，VRやHCIの分野では非侵襲な経皮電気刺激が主として利用される。よって，本書でも経皮電気刺激による神経刺激インタフェースについて解説している。なお，経皮電気刺激は非侵襲とされる場合と低侵襲とされる場合があるが，本書では非侵襲として扱うものとする。

　本書を通して，神経刺激インタフェースへの興味をもち，読者諸氏の勉学や

研究開発の推進に寄与できればと願っている。

　末筆となったが，本書を執筆するにあたり，多くの協力をしてくださった日本バーチャルリアリティ学会の関係者の皆様に深く感謝を申し上げる。また，本書内の図を作成してくださった，大阪芸術大学芸術学部アートサイエンス学科の井上七海氏，仁田脇珠惟氏の両氏にもここで深く感謝申し上げる。

　2024 年 1 月

著者を代表して　青山　一真

神経刺激インタフェース研究委員会

　神経刺激インタフェース研究委員会は 2019 年より，日本バーチャルリアリティ学会の研究委員会として発足した委員会である。神経刺激インタフェース研究委員会は，近年 VR 分野やヒューマンコンピュータインタラクション（HCI, human computer interaction）において，電気刺激や磁気刺激，超音波刺激等の神経刺激を利用した研究や作品が増えている事や，脳科学分野においても経頭蓋直流電気刺激法（TDCS, transcranial direct current stimulation）等のように脳を非侵襲に刺激する手法を利用した研究が増えてきている事を受け，それらの研究を推進し，安全に研究を実施できるような知見・ノウハウの共有，安全性や倫理に対する啓発などを目的として設立された。

目　　　次

第 1 章　神経刺激と VR の歴史

第 2 章　侵襲性と非侵襲性の刺激

第 3 章　非 侵 襲 性 刺 激

第 4 章　電気刺激の安全性

第 5 章　神経刺激の応用

1.1 電気刺激の歴史を学ぶ重要性

　神経刺激がどのように研究され，どのように**バーチャルリアリティ**の分野に応用されてきたのかを知ることは，今後の**神経刺激**の研究開発の方向を考えるために非常に重要である。その歴史から，先人の研究者たちが何をどこまで理解した状態で，研究に挑んだのか，その研究はどうなったのかを知り，研究をどのように遂行すれば成功し，どのようにすると失敗するかを予測できるためである。

　本書は神経刺激インタフェースを解説するための書籍であるが，多くは電気を使った非侵襲な刺激手法である**経皮電気刺激**を対象としている。これは，侵襲性や安全性，操作性などさまざまな理由で神経刺激の中では経皮電気刺激がバーチャルリアリティ等の分野において盛んに利用されていることによるものである。本章ではこの電気が及ぼす人への効果がどのように研究されてきたのか，それが電磁気学の起こりとどのように関連するのかについて概要を解説する。

1.2 電気の発見

　古来より最も身近にあった電気現象は**雷**であった。雷は雲ができれば見ることができ，大きな音と強烈な光，時には火災の原因になるものであるため，

人々に恐れられてきた。この雷が「電気現象」であることを人類が解明するためには，（1）他の電気的な現象の発見と（2）電気を計測する装置の開発が必要とされる。前者は実は紀元前には発見されており，後者は世界初のコンデンサと言われるライデンびんの登場する 17 世紀を待たねばならない。

　人が雷を認知したのはいつ頃であるか，特定は困難であるが，多くの時間を屋内で過ごす現代でさえ雷を見たことのない人は少数であることを考えれば，雷こそが人が最初に認知した電気現象であると言ってよいだろう。雷以外の電気現象として記録に残っている最古のものは，プラトンの報告である。その報告によると紀元前 600 年ごろにタレスによって，琥珀が軽いものを引き付けるという現象を発見したとされている。つまり，琥珀を擦ると，琥珀にほこりなどが吸い付くことを発見したのである。これは今日では**静電気**と呼ばれている現象であり，字面のとおり電気的現象であると理解されているが，当時はなぜこのようなことが起こるのかはわからなかったようである[1]†。

　さて，このタレスの発見した現象は確かに雷以外の電気的現象であるが，電気をその身体で感じた例ではない。身体に積極的に印加された電流を人類が感じた最初の例は，シビレエイによる感電であったと考えられる。紀元前 4 世紀ごろ，アリストテレスはシビレエイが人をしびれさせると報告している[1]。アリストテレス自身がこのシビレエイによる電気刺激を体験したかどうかはわからないことや，それ以前に雷に打たれた人類が存在することも大いに考えらえるが，記録に残っている人類最初の神経刺激はシビレエイによってもたらされたと言ってもよいかもしれない。

　なお，紀元後 50 年ごろのローマの医師によれば，シビレエイの電気刺激を積極的に利用した治療が行われていたようである[1]。

1.3　ライデンびんの登場と静電気研究の発展

　静電気と言えば，空気が乾燥してくるとドアノブでパチパチと火花が散って

---

†　肩付き数字は，巻末の引用・参考文献の番号を表す。

触覚を感じたりする現象を読者諸氏は思い浮かべるであろう。電気研究の発展の歴史は静電気から始まり，その後，**ボルタ電堆**の発明によって動電気研究へと発展していく。

ライデンびんの発明は静電気がどのような現象なのかを解き明かすための道具であると同時に，電気を持ち運んでさまざまなデモンストレーションを行うためにも役立った。

図 1.1 はライデンびんの概略図である。ライデンびんはガラスびんの内壁と外壁に金属箔を張り付けておき，びんの中には導線としての金属鎖がびんの外までつながっている。外につながっている金属導線に帯電した琥珀等を近づけることで電気（電荷）を溜めることができる。溜めた電気は，びんの外側の金属箔と，内側の金属箔とつながっている金属鎖を電極として使用することで電気を取り出すことができる。例えば，びんの外側の金属箔を片手で触りながら，もう一方の手で内側の金属箔とつながっている電極に触れることで，パチッとした電気による触覚を感じることができる。

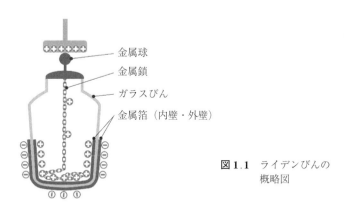

金属球
金属鎖
ガラスびん
金属箔（内壁・外壁）

図 1.1 ライデンびんの概略図

このライデンびんの他，物体どうしの摩擦を利用して静電気を作り出す摩擦起電機（本書では解説をしない）の開発によって，実験遊戯といわれるデモンストレーションが当時上流階級の人々の中で流行した。例としては，多くの人に手を繋いでもらい，ライデンびんから電流を流すことで多くの人に触覚（あるいは痛覚）を与えるデモが行われた。日本でもこの実験は阿蘭陀始制エレキ

テル究理原の中で橋本宗吉が述べており，「百人嚇」と呼ばれている[1]。

　また他の例では，「まことの愛を示す電気キス」と称し，起電機に触れながらキスをすることで火花が飛び，触覚を感じるといったデモも行われていたようである[1]。

　当時は電気という概念が存在しない（あるいは存在しても非常に限定的）時代であったため，電気的な現象を利用したこの手のデモが喜ばれたのであろう。

　現在の神経刺激研究においても，神経刺激がどのように神経系に働きかけ，どのような現象を作り出すのかはイメージが難しく，多くの体験者に警戒される。一方で，電気の歴史がそうであったように，その現象を突き詰めたさきに人類にとって非常に有益な利用法が出始めたときに，インタフェースとしての電気や磁気，その他刺激手法も社会の発展に寄与するものであると筆者らは考えている。

1.4　ガルヴァーニの発見と動物電気

　神経刺激研究については，ガルヴァーニの発見がその本格的なはじまりと考えられる。ガルヴァーニは1700年代に活躍したイタリアの医師であり物理学者である。ガルヴァーニが神経刺激に関連した最初の発見をした際の状況に関しては諸説あるが，1771年に解剖の実験で使っていたカエルの脚に異なる2種類の金属を接触させると，解剖済みの脚の筋肉が収縮することを発見した。人を対象とした神経刺激ではないが，カエルという生体に対して電流を印加することによって反応を引き出したという意味では，おそらくこの記述が最古のものの1つであろう。ガルヴァーニはこの発見から，生体内の電気によって筋肉が収縮すると結論付け，筋肉を収縮させるこの力を**動物電気**と名付けた。なお，前述の静電気を溜めるライデンびんを使って人に電流を流すことで，触覚を発生させる実験遊戯はこのガルヴァーニの発見よりも数十年早い。

　ガルヴァーニは動物電気が生体内で発生するものであると考えていたが，ボルタは異なる金属をカエルの脚を通して触れ合わせることで起こる電気現象で

あると捉えており，両者の間で論争が起こるが，最終的にはボルタ電堆の発明でその決着がつく。

　一方で，ガルヴァーニの唱えていた説とは異なるものの，生物の体内ではイオンの移動による電気的な現象が起こっている。例えば，神経細胞は常に静止膜電位として負の電位をもっているし，発火する際には陽イオンを取り込んで電位は正になる。ある意味ではガルヴァーニの提唱した説のように，動物の体内では電気が発生するのである。

　ボルタの発明したボルタ電堆とそこから派生する電池は安定した電流が得られるために，電磁気研究や電気化学研究にとどまらず，以降の神経科学研究のための刺激装置としても大いに活躍することになる。

1.5　神経刺激装置の起こり

　神経刺激は神経の働きを検証するためのツールとして利用されてきた。神経の働きを調べる神経科学研究の領域では，電気刺激や磁気刺激，超音波刺激など，さまざまな神経刺激手法が利用されている。侵襲性の高い刺激を含めると，刺激針を刺入しての電気刺激や，薬剤，レーザー等もあるが，侵襲性に関わらず神経刺激を目的とした刺激としても最も利用されているのは現状でも電気刺激であると言ってよいだろう。

　現在，医療用途に限らず電気刺激を利用した製品が市販されている。医療用途の電気刺激装置以外に商品で最も広く普及しているのは腹筋をはじめとするさまざまな筋肉を電気刺激によって収縮させ，トレーニングやダイエット，マッサージに応用する目的の装置であろう。これらの装置では，電流パターンや強度，持続時間などをさまざまに操作することができる。このような任意波形を安定して出力できるようになったのは，トランジスタ等をはじめとする半導体の発展によるものである。

　一方で，神経科学研究において電気刺激を利用した研究はすでに1800年代から行われていた。もう少し前の時代にも，ライデンびんや摩擦起電機などの

充放電や起電を可能とする装置が開発され，前述のとおりデモンストレーションに利用されてきた。一方で，ボルタ電堆の登場後には電池の研究が進み，神経を刺激するための装置には，安定して電力を供給できる電池が採用されるようになっていった。この時代の研究においても，方形波電圧を出力して神経の働きを調べる研究が行われていた。当時の装置の工夫を紹介する。

　トランジスタやコンピュータなどは存在せず，刺激波形や神経の発する微弱な電気的シグナルを経時的に計測する方法も存在しなかった。このため，神経科学では電気刺激の細かなパラメータの変化によって神経の興奮が引き起こされるか否かの検証をすることが行われていた。半導体技術のない当時はどのようにして刺激の細かい調整を行っていたのであろうか？

　図 1.2 はドイツ出身の生理学者・物理学者のヘルムホルツらによって考案された装置の概略図である [2]。この刺激装置は電池とスイッチで構成されているが，このスイッチには振り子ハンマーが設置されている。スイッチA，Bともに閉じているとき回路中ではスイッチBからスイッチA，そしてR_2を通る閉回路内に電流が流れる。ここでハンマーが落とされ，スイッチAのみを開放した時，スイッチBを通った電流が電極1から神経，神経から電極2へ，そしてR_2へと電流が流れて生体に電圧が印加される。そしてその直後にハンマーがスイッチBをたたいて解放した時，電池は解放状態となって生体には電圧がかからなくなる。なお，電気刺激の強度はR_2の抵抗値と電源の電圧E

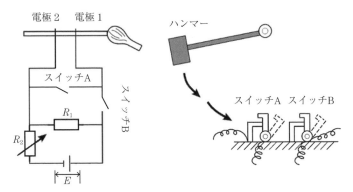

図 1.2　電気刺激装置の概略

によって決めることができる。

　振り子の周期は重さと長さで決定される。このため，計算すれば正確に刺激時間を制御することができるこの方法が採用されたのであろう。当時の研究者・技術者はさまざまな工夫をして刺激装置や計測装置を作り出していた。このような基礎的な物理や化学が今日の神経科学ひいては神経刺激インタフェースの発展を支えているのである。

1.6　バーチャルリアリティへの神経刺激の応用

　日本バーチャルリアリティ学会の論文誌は 1996 年から発行されている。バーチャルリアリティを専門とした学会は世界でも数が少なく，VR に関連した研究の多くがこの論文誌に投稿される。この論文誌の 2018 年 12 月 31 日発行分までに採録されている論文のタイトルの中に「電気刺激」を含んだものは，12 件あり，それ以外に「電気触覚」が 2 件ある。最も古いものは，2011 年の梶本らの論文で，2003 年に掲載された「電気触覚を用いた皮膚感覚のオーグメンティドリアリティ」である。この論文がバーチャルリアリティ研究を推進してきた日本バーチャルリアリティ学会における最初の神経刺激研究の論文で

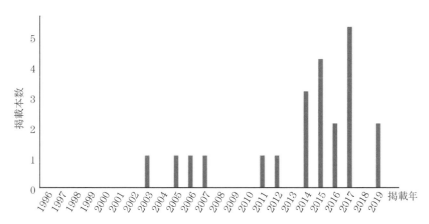

図 1.3　日本バーチャルリアリティ学会論文誌に掲載
された電気刺激に関連した研究論文の推移

あり，日本の VR 領域における神経刺激インタフェース研究は 2003 年が元年と言ってよいだろう。以降，2000 年代から 2010 年代前半は隔年 1 報程度のペースで電気刺激に関する論文が掲載され，2014 年からその数が大幅に増えている（図 1.3）。

　日本 VR 学会の論文誌において，どのような電気刺激の研究が最も多いのだろうか。2018 年 12 月発行分 3), 4) までの論文誌タイトルから著者が推察するに，筋への電気刺激が 4 報，前庭電気刺激が 7 報，味覚電気刺激が 4 報，視覚電気刺激が 1 報，痛覚を含めた触覚に関連するものが 4 報，の合計 20 報である。また，2019 年度には腱への電気刺激に関するものが 1 報，味覚電気刺激に関するものが 1 報となっている。図 1.4 にはこれらの論文数の割合を示す。このように見てみると，掲載された論文で最も割合が大きいのは前庭感覚に関連する電気刺激で，続いて味覚，筋，触覚が続く。前庭感覚に関する研究の割合が高いのは，モーションプラットフォームの代替手法として神経刺激が期待されているためであると推察できる。また，味覚に関してもディジタルな手法で味覚を提示する方法が現状非常に限られていることから，神経刺激への期待が高いためであると考えられる。

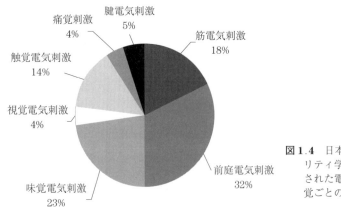

図 1.4　日本バーチャルリアリティ学会論文誌に掲載された電気刺激研究の感覚ごとの割合

それでは，日本 VR 学会の論文誌に掲載された神経刺激の論文を振り返ってみよう。表 1.1 は日本 VR 学会論文誌に掲載された神経刺激関連の論文一覧で

表1.1　日本VR学会論文誌に掲載された神経刺激関連の論文一覧

タイトル	掲載年	刺激分類	文献
電気触覚を用いた皮膚感覚のオーグメンティドリアリティ	2003	触覚	5)
前庭感覚電気刺激による視覚への影響	2005	前庭感覚	6)
遅順応1型機械受容ユニットへの刺激信号と生成感覚強度に関する基礎的研究	2006	触覚	7)
"Save Your Self!!!"―前庭刺激による平衡感覚移植体験―	2007	前庭感覚	8)
物体表面の自己相似性を伝える電気触覚パルス頻度変調	2011	触覚	9)
前庭電気刺激を用いた眼球運動誘導手法の基礎的検討	2012	前庭感覚	10)
電気刺激ならびに視覚・振動覚刺激による仮想重量感呈示	2014	筋	11)
前庭電気刺激における逆方向不感電流を用いた加速度感覚の増強	2014	前庭感覚	12)
複合現実型視覚提示が痛覚刺激の知覚に及ぼす影響	2014	痛覚	13)
往復電流刺激が及ぼす前庭電気刺激の身体動揺増大効果のモデル化	2015	前庭感覚	14)
頭頂方向前庭電気刺激が及ぼす加速度感覚知覚と身体反射応答への影響	2015	前庭感覚	15)
電気刺激による塩味および旨味を呈する塩類の味覚抑制	2015	味覚	16)
前庭電気刺激における不感電流を用いた往復電流刺激が与える身体動揺の増大効果と逆電流印加時間の関係	2015	前庭感覚	17)
多電極視神経電気刺激が惹起する眼内閃光の光源位置制御手法	2016	視覚	18)
電気的筋肉刺激を用いたバーチャル食感提示手法に関する検討	2016	筋	19)
顎部電気刺激による味覚提示・抑制・増強手法	2017	味覚	20)
下顎部電気刺激による咽頭への局所的な味覚提示	2017	味覚	21)
ボウリング投球動作を対象とした電気刺激によるスポーツスキル習得支援システムの開発	2017	筋	22)
電気的筋肉刺激が重量知覚に及ぼす影響の分析	2017	筋	23)
連続矩形波陰極電流刺激による塩味および旨味の持続的増強効果	2017	味覚	24)
バーチャル歩行感覚生成のための下肢運動感覚と腱電気刺激の併用提示手法	2019	腱	25)
連続矩形波電流刺激による五味の継続的増強	2019	味覚	26)

ある。

　前述したとおり，日本VR学会論文誌で最初に掲載された神経刺激研究は梶本らによる触覚を生起させるための電気刺激技術を拡張現実（AR, augmented reality）に応用する研究であった。続いて，永谷らによる前庭感覚電気刺激に

関する研究論文が掲載され，2012 年までは触覚と前庭感覚を生起させる電気
刺激に関する論文が発表されてきた。2014 年になって初めて筋電気刺激を VR
技術に応用する論文が掲載され，同じく 2014 年に痛覚に関するものが掲載さ
れている。2015 年ごろから味覚を操作するための電気刺激研究に関する論文
が掲載され始め，2010 年代後半は筋と味覚に関する神経刺激研究が多くなっ
てきている。2019 年には腱への電気刺激に関する研究論文が初めて掲載され
ている。

　この表はあくまで日本 VR 学会論文誌に掲載された論文のみを取り扱ってい
るため，これらの電気刺激を扱った世界（日本）で初めての論文であるとは限
らないこと，他の学会や論文誌等でバーチャルリアリティに関連した技術とし
て神経刺激を利用した感覚提示手法に関する論文が掲載された例も多数あるこ
とに留意していただきたい。各神経刺激手法に関する詳細は本書の各トピック
をご覧いただきたい。

Virtual Reality Library

第2章 侵襲性と非侵襲性の刺激

神経刺激インタフェース

2.1 侵襲性神経刺激とその研究の実施

　神経刺激インタフェースが働きかける刺激部位は，①感覚受容細胞や軸索末端，②感覚や運動の神経軸索，③脳神経系の３つがある。これらに対して最も近い位置に刺激装置を配置することで，他の手法よりも感覚再現の解像度を高くすることができる一方で，その配置のために**侵襲**が必要になることがある。

　侵襲とは，端的にいうと生体を傷つけるなど不可逆的な物理的負担や影響を与えることである。例えば，皮膚に対して針電極などを刺す行為は侵襲性があるといえる。一方で，電極パッドなどを用いる経皮電気刺激は適切な刺激後に電極パッドを除去したあとには何も残らないことから一般的には非侵襲とする場合が多く，本書においても非侵襲と位置づけている。しかしながら，実際の生体を対象とした神経刺激インタフェースの研究においては神経への電気刺激などが結果的に身体にダメージを与える可能性が皆無であると言い切れないため，行おうとする実験が研究倫理審査機関を通じて侵襲なのか非侵襲なのか，実験を行ってもよいのかを判断する必要がある。そして，場合によっては，「**人を対象とする医学系研究に関する倫理指針**」[1]などのガイドラインに基づいた倫理審査機関を通じて，実験を行ってもよいのかを判断する必要がある（医療分野における侵襲の定義は研究のみの目的か治療目的に付随する研究かなどによっても異なっている）。侵襲を伴う行為について，日本では生理的機能に障害を与える行為は罪となり，医師のみが正当な業務による行為として認めら

れている。しかしながら，社会的相当性の範囲を超えた相手の権利を侵害する行為である場合においては，医師であっても罪となる。この社会的相当性の範囲というものは一概に決められるものではないことから，これについての見解を熟考する役割を倫理審査機関は担っている[1),2)]。

　次節からは各刺激部位に関する侵襲性のあるインタフェースについてこれまでに行われてきたこと，そしてこれから実現される可能性のあることについて解説する。

2.2　感覚受容細胞や軸索末端に対する　侵襲性神経刺激インタフェース

　視覚の感覚受容細胞は網膜にある光受容を行う視細胞（杆体細胞と錐体細胞）から網膜神経節細胞を経由して視神経を伝って脳に電気信号を送っている。網膜色素変性症（RP, retinitis pigmentosa）のような遺伝性網膜変性症や加齢性黄斑変性症などでは光受容細胞が失われているが，そこから先の伝達のための神経節細胞は残存しているため電極アレイを配置し電気刺激を行うことで，光受容細胞の機能を置き換えることができる[3)~5)]。網膜は立体的層構造をもった膜状の組織（**図2.1**）であり，電極アレイの配置方法としては，眼球の内側に多点電極アレイを網膜表面上に設置するa）**網膜上刺激型**，網膜を剥離した網膜下に設置するb）**網膜下刺激型**，眼球の一番外側を覆っている強膜の一部を切開して電極アレイを埋設し，硝子体内に帰還電極を置き，脈絡膜を通じて網膜細胞の刺激を行うc）**脈絡膜上経網膜刺激型**がある[3)]。

　a）網膜上刺激型は，外部カメラで撮影された映像から生成される空間パターンを電極アレイを用いて刺激する方法である。電極と網膜の密着性，眼球形状に合わせた電極の配置方法などに課題があるとされている。米国 Second Sight Medical 社が　6×10個電極アレイをもつ Argus II Retinal Prosthesis System を開発，実用化している，またこのシステムを用いて空間運動課題が行えるようになったという報告もある[3),6)]。

　b）網膜下刺激型は外部カメラを用いず，本来の視細胞と同様の機能をもつ

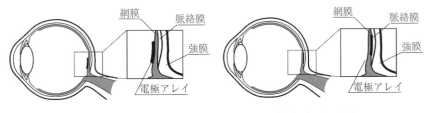

（a）　網膜上刺激型　　　　　　　　　（b）　網膜下刺激型

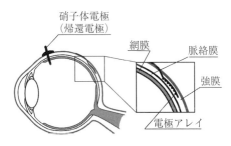

（c）　脈絡膜上経網膜刺激型

図 2.1　視覚の感覚受容細胞への電極アレイの配置方法

ように刺激電極と受光素子とを集積化したデバイス構成とすることで，眼球運動の利用も想定している。ドイツチュービンゲン大学のグループは約 3 mm 角内に 40×40 ほどのマイクロフォトダイオードアレイと約 3 mm 角内に 4×4 ドットの 4 重電極アレイを埋め込み，文字や単語の認識を確認している。しかし，手術が複雑であること，生体内で長期間安定動作する素子の埋植が困難であることなどが課題とされている。

c）脈絡膜上経網膜刺激型は，眼球を切開する必要がなく，手術が容易で患者への負担も少ないとされている。大阪大学・（株）ニデックのグループは STS（suprachoroidal transretinal stimulation）方式を用いて 7×7 極の電極アレイを RP 患者へ埋植する臨床試験を実施実験を行っており，長期安定性の確認も行われている [7]。

その他，まだ臨床試験には至っていないが，MEMS 技術で生成された埋め込み電極に培養神経細胞（シュワン細胞）を付着させその細胞を視覚系神経として利用するバイオハイブリッド型や，電極を用いない方法として光を吸収し

て電位差を出力する光電変換色素分子をポリエチレン薄膜に結合したフィルムを用いる色素結合薄膜方式も研究が進められ，高解像度化が期待されている [8),23),24)]。

　聴覚では外耳道から入った音の波は鼓膜で振動変換され，耳小骨を通って蝸牛に伝えられる。蝸牛の中の基底膜は周波数ごとに共振する位置が異なっている。この基底膜上にコルチ器官という外有毛細胞と内有毛細胞からなる器官があり振動刺激が加わると，神経発火を起こす。外有毛細胞は感度調整，内有毛細胞は電気信号変換を行っていると考えられている。これら有毛細胞の機能が低下した場合には補聴器などで振動強度を増幅することで聴力を補うことができるが，ほとんど機能しない場合には補聴器では改善しない。そこで，基底膜上の異なる周波数の共振箇所に複数電極を配置して，音振動を電気変換する有毛細胞の働きを電気刺激によって代替する人工内耳が実用化されている（**図2.2**）。開発は1960年頃米豪国で開始され70，80年代に広まっていき，日本では1990年代にコクレア社製22チャンネル型人工内耳の保険適用もなされ，すでに1万人以上が利用している [9),10)]。

図2.2　人工内耳

　触覚における触覚受容器の侵襲性刺激については針電極を差し込むことによって機械受容器の発火も可能であるが，皮膚から機械受容器までの距離が短いため，非侵襲である経皮電気刺激を用いることが多い。また，温冷覚に関与する末梢神経にあるTRPチャネルにカプサイシンやメントールなどの化学物質で刺激する手法もあるが，化学物質や薬剤の種類によっては侵襲にあたる場合もある。

その他の感覚，例えば味覚や嗅覚などの感覚受容細胞についても，非侵襲な刺激手法として棒状の電極などを押し当てて刺激を行う方法が行われている[11]。一方で，個別や非常に狭い範囲の細胞に対して刺激を行うことを目的として針電極をピンポイントに差し込んで電気刺激を与える侵襲的な試みが動物実験を中心に行われているが，ヒトを対象としたインタフェースとしてはほぼ行われていない。

東洋医学である鍼治療も，侵襲的治療とみなすことができる。鍼治療では 0.14 ～ 0.25 mm 程度の針を身体に差し込み末梢神経を刺激することによってさまざまな治癒効果があることが知られているが，なぜその刺激によってさまざまな身体応答が生起するのか，そのメカニズムはよくわかっていない[12]。

2.3 感覚や運動の神経軸索に対する侵襲性神経刺激インタフェース

視覚については，網膜から脳へ接続される神経である視神経の外側からフィルム状の電極アレイを巻きつける**カフ型電極**と呼ばれる電極によって電気刺激を行う方式であるが，神経束のどの神経線維がどの網膜上の視野空間に相当しているのか，あるいは脳内でどう認識されているのかその対応関係（レチノトピーと呼ばれている）を知ることは困難であることから像を知覚させることは難しいとされている。

聴覚については神経束に直接刺激を行う例は少ない。蝸牛からの聴神経束は前庭神経と一緒に束ねられてしまっており，選択的に刺激することが難しいこと，また次節で述べる脳幹の蝸牛神経核への刺激がすでに臨床適用されて一定の効果が確認されているためであろう。触覚においては腕の中の正中神経内の感覚神経に針電極を選択的に刺すことで，指先の触覚情報の計測，ならびに電気刺激による感覚の再現に成功している。しかし，正中神経内のどの神経線維が目的の神経線維なのかを手探りで探し当てることになる。このように，神経束に対して刺激を行う場合は，それぞれの神経線維を選択的に刺激することが困難であるという問題がある。一方で，末梢神経系を構成する神経細胞の軸索

は切断されると細胞体側から再生軸索を伸ばしていく。例えば，事故などで切断された腕を神経束レベルでつないだ後でリハビリテーションを進めていくと，徐々に元のように動かすことができるようになる。このとき，切断した神経束の断端間に多数の電極孔の開いた薄膜状の電極を置くと，ホールを通過した再生軸索の活動電位を計測することができるインタフェースが確立されるという神経再生型電極のアイディアがある（**図 2.3**）[13), 26)]。

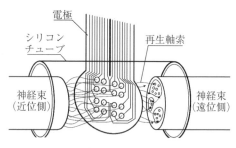

図 2.3　神経再生型電極の原理図

2.4　脳神経に直接接続する侵襲性神経刺激インタフェース

　脳地図やホムンクルスで有名なカナダの脳神経外科医ペンフィールドは1940 年頃にてんかんの患者の手術の際に脳のさまざまな部位に直接電極を当てて電気刺激を行い，患者の身体部位の反応や意識がある状態でどこに感じるかを答えさせ，脳の刺激場所と反応のあった身体部位には一定の対応関係があることを発見し，運動野と感覚野の存在を明らかにした。つまり，脳の特定部位を電気刺激することで感覚知覚を惹起したり，身体運動を誘発したりすることが可能であることはすでに明らかとなっていた。

　脳と直接情報のやり取りをするインタフェースについても研究がなされており，BCI（brain-computer interface）や BMI（brain-machine interface）などと呼ばれている [14)]。もともとは非侵襲な脳計測を伴うものを BCI，侵襲を伴うものを BMI と呼ぶことが多かったが，近年は非侵襲 BMI と呼ぶこともある。BMI には，感覚刺激など外部環境の情報を脳に伝える「入力型」と，脳から身

体運動司令や意図を読み取る「出力型」がある[14),15)]。

　ここではまず「入力型」として，失われた感覚機能の補綴のためのインタフェースについて説明する。

　視覚について網膜や視神経など神経組織が残存していなければ視覚刺激を生成することはできないのに対して，視覚野を直接刺激することで視覚知覚をもたらすことができるため，適用範囲は広いと考えられている。1968年にBrindleyとLewinは電極81個を全盲患者の硬膜下に埋植し多数の電気的閃光を知覚させることに成功している[16),25)]。その後さまざまな研究機関が電極の高密度化や低電流値での効果的な電気刺激手法の研究を継続的に行っているが，感覚代行として十分な質には至っていない。

　聴覚に関しては，脳幹の蝸牛神経核に電極アレイを設置し，そこに刺激用電流パルスを与える方法が行われている。この方法は人工内耳の効果が見込めない聴神経を損傷した難聴者に対しても効果がある。蝸牛神経核は音の周波数に対して選択的に反応する神経細胞が規則正しく並ぶ周波数局在構造を有しているので，刺激電極位置と音の高さの対応が取れると考えられており，聴性人工脳幹インプラント（ABI, auditory brainstem implant）と呼ばれている。1979年にアメリカの脳神経外科医Hitselbergerらによって初めて埋め込まれ，1999年まで100症例以上で適用された。臨床治験を経て，2000年にコクレア社のABIは米国の食品医薬品局（FDA）に認可されている[17)]。

　その他の感覚の入力型について，無麻酔下のマカク属サルから単一神経活動を記録し，種々の体性感覚刺激に対する応答を詳細に解析する研究は多数行われているが，剣山型電極などによって感覚野を刺激し人工的に感覚知覚を惹起する臨床研究はほぼ見られない。

　「出力型」の歴史としては，1999年にChapinらが発表した，前足でレバーを押すと水が飲めることを訓練させたラットの脳内に多数の微小針電極を挿入して神経発火を記録解析して，同様の神経発火が起きたときに水が飲めるようにしてやると，ラットは前足を動かすことなく水を飲むようになったという実験から，脳の神経活動のみから機械を動かせることを示した。その後，サルな

どの動物でも脳に電極を埋め込んで自身の手の代わりにロボットアームを動かす実験等が行われ、ブラウン大学のDonoghueらは脊椎損傷による四肢麻痺患者の大脳運動野に剣山型電極を埋め込みコンピュータのカソールを動かす試みを行っている。しかし、脳に埋め込まれた剣山型電極は劣化しやすく脳自身にダメージを与える可能性も高いことから、大阪大学の平田らのグループは脳に直接電極を挿入するのではなく、脳表面を覆っている硬膜上に電極を配置する皮質脳波（ECoG）という手法によって脳へダメージ抑えつつ、重度のALS患者がロボットハンドを操作する実験などに成功している[18),27)]。

　大脳皮質以外の刺激方法も古くから行われている。パーキンソン病やジストニア、脳卒中後振戦など不随意運動を伴う疾患において、脳の奥深くにある側坐核、視床、淡蒼球、視床下核といった領域に単極の電極を埋設し、電気刺激を行うことで、疾患を改善する脳深部刺激療法が確立されている[19)]。その効果は劇的で手足の振戦で行動がままならない患者が刺激装置の電源スイッチを入れると、すっと振戦が収まる様子が見られる。1987年フランスの神経外科医アリム＝ルイ・ベナビッドが手法を確立してから、運動回路活動異常の抑制機序なども明らかとなっており、世界ではすでに10万人以上に適用され、2000年には国内でも保険適用されている。

　これまでに普及した機器に共通することとして、感染症のリスクを小さくするために、身体に内蔵された機器と身体外の機器を無線で制御したり電力供給したりする工夫がなされている。また、侵襲性のある埋込み型の電気刺激手法の大きな課題としては、刺激対象の神経細胞が高密度に分布している場合にそれぞれ独立の細胞に刺激を与えようとすると、刺激電極を微細化する必要がある。例えば、網膜刺激のための刺激電極アレイを用いて、視力0.01程度を実現するだけでも1mm角の中に100極以上の密度の電極アレイが必要となるが、技術的に実現は難しい。仮に実現できたとしても体液など電解質の中で目的の神経細胞に影響を与える程度の電荷量を注入することが難しいなどが挙げられる。一方で、近年、光で活性化する物質を遺伝子導入によって特定の細胞群や神経経路のみに発現させ、光照射をトリガーとして神経活動を制御するな

どの光遺伝学（オプトジェネティクス）の研究が進められている[20]。この手法は，電極を埋め込むことなく高精度に神経発火が制御できる可能性があり，実際にこの手法を用いてサルの運動野を刺激し，手の運動を起こさせる実験にも成功している[21]。しかし，侵襲性の神経刺激方法について，現状では手術を行うにあたり脳損傷や感染症の恐れがいくらかはあるため，メリットとリスクのバランスを考えると脳外科的処置以外で改善が見込めない患者以外を対象とする可能性は低いだろう。

　このように，侵襲性を伴う神経インタフェースは失われた身体機能の回復のための手段として，重要な役割を果たしている。一方で，アイデンティティの源である脳に直接作用するということは，検討すべき倫理的課題が山積している[22]。先述したように脳に電気刺激を与える外科的手法の発展の経緯として古くから臨床が行われてきたことにある。1950 年頃から米国テュレーン大学のロバート・ヒースは現在の脳深部刺激療法で刺激されている部位の近傍である中隔野に対して，電気刺激を与えることで，重度の強迫神経症やうつ病，自閉症などの患者の治療を目的として，さまざまな臨床実験が行われきたが，その中には脳の報酬系部位への刺激によって幸福感を生み出すことも実際に行われていた[28]。これはこころの不安定な要素を取り除くができる可能性や人格的な障害の矯正もできることを意味しており，しかも技術的にはそれほど難しくはない。しかし，テクノロジーの力で人格を変えてしまってよいのだろうかという問題に対して答えを出すことは非常に難しい。こういった問題に際しては医学系，理学系，工学系だりではなく人文系の研究者も交え，どのような問題が想定しうるか精査したうえで，今後どのように実施されるべきかどうかの判断を行う必要がある。それこそが倫理を考えるということにほかならない。

第3章 非侵襲性刺激

神経刺激インタフェース

3.1 非侵襲性刺激の総論

3.1.1 非侵襲性刺激の定義

非侵襲性刺激とは，生体外から刺激を与える手法である。刺激を発生する装置と生体との接触と非接触を問わず，生体内の恒常性を乱さない刺激を指す。刺激を発生する装置は，生体外に設置されている。

つまり，針形状の刺激装置を使って皮膚下にある装置の末端から刺激を与える場合は，**侵襲性刺激**となる。皮膚に貼り付けるタイプの装置を使って皮膚上から刺激を与える場合は，非侵襲性刺激となる。

電気刺激と磁気刺激が，侵襲か非侵襲かは意見が分かれるところであるが，ここでは生体内の恒常性を乱さない範囲で刺激することを前提とし，電気刺激と磁気刺激は非侵襲性刺激とする。

つまり，電気刺激によって火傷や水ぶくれができたり，磁気刺激によって生体内部に埋め込まれた金属を動作させて細胞が潰されたりする場合は，侵襲性刺激になる。皮膚の上に設置された電気刺激によって筋肉を収縮させた場合でも，筋線維が日常生活動作の範囲内でしか傷つかず，生体内の恒常性を乱さない場合は，非侵襲性刺激とする。これは磁気刺激による筋肉の収縮や擬似的な感覚再現でも同様である。

非侵襲性刺激は，それぞれの感覚に応じて多数の手法が存在する（**図3.1**）。多数の非侵襲性刺激は，大きく「末端器官や末梢神経系への刺激」と「中枢神

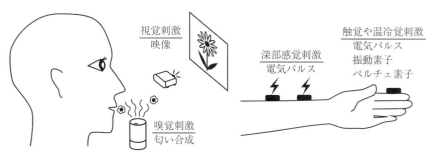

図3.1 非侵襲性刺激の手法

経系への刺激」の2つに分類される。2つの分類のさまざまな刺激の概要について次項より説明する。

3.1.2 末端器官や末梢神経系への刺激

非侵襲での生体の末端器官や末梢神経系への刺激は，刺激の対象者（ユーザ）に対して感覚の知覚情報を伝達する場合に多く用いられる刺激である。

末端器官や末梢神経系への刺激を通じて，情報を伝達する感覚は，特殊感覚，体性感覚の深部感覚（固有感覚）と表層感覚が主になる。**図3.2**に，刺

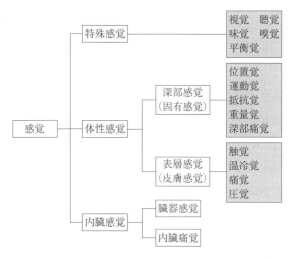

図3.2 末端器官や末梢神経系への刺激で与える感覚の種類

激する感覚の種類を灰色で示す。

上記のそれぞれの感覚ごとの刺激手法の概要を説明する。

〔**1**〕 **特殊感覚とその刺激手法**

特殊感覚とは，視覚，聴覚，味覚，嗅覚，平衡覚を示し，それぞれのために特殊な**感覚器**を備えている感覚のことである。特殊感覚は，英名で special sense と名付けられている。

例えば，視覚のためには，眼という特殊な感覚器を備え，視神経を伝って感覚器で得られた情報を脳に伝達する。

特殊感覚への非侵襲で末端器官や末梢神経系経由の刺激手法の代表的なものに，「視覚電気刺激」，「味覚電気刺激」，「嗅覚電気刺激」と「前庭電気刺激」がある。それぞれの感覚，特殊な感覚器，感覚神経と刺激手法の代表例について，**表3.1** にまとめる。

表3.1 感覚，特殊な感覚器，感覚神経と刺激手法の代表例

感覚	感覚器	感覚神経	刺激手法の代表例
視覚	眼	視神経	ディスプレイ，HMD（head mounted display），網膜刺激，視覚電気刺激
聴覚	耳	聴神経	ヘッドフォン，スピーカー，骨伝導刺激
味覚	舌	舌咽神経と一部顔面神経	味覚電気刺激
嗅覚	鼻	嗅神経	匂い合成装置
平衡覚	内耳	前庭神経	前庭電気刺激（電気パルス）

〔**2**〕 **深部感覚（固有感覚）とその刺激手法**

深部感覚（固有感覚）は，関節，筋肉や腱に内在する受容器を経由して得られる感覚である。深部感覚には，関節と体の位置と運動を知覚する位置覚と運動覚，関節と体の位置と運動に加えて，筋肉の伸縮を知覚する抵抗覚と重量覚，深部の痛みを知覚する深部痛覚がある。その他にも深部振動覚などがあると言われている。深部感覚の例を**図3.3** に示す。

深部感覚は，表層感覚（皮膚感覚）に比べると，一般的には知られていない感覚であるが，VR や AR のオブジェクトの存在感やコントロールするキャラ

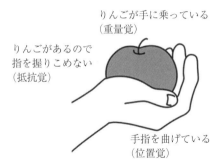

りんごが手に乗っている
（重量覚）

りんごがあるので
指を握りこめない
（抵抗覚）

手指を曲げている
（位置覚）

図 3.3　深部感覚（固有感覚）の例

クターに対する身体所有感を発生させるには重要な感覚である。

　深部感覚への刺激は「筋電気刺激」が用いられる。筋電気刺激については3.2
節で解説する。

〔3〕　表層感覚とその刺激手法

　表層感覚（**皮膚感覚**）とは，皮膚表面や粘膜表面に近い箇所の受容器で感じ
られる触覚，温冷覚，痛覚や圧覚などの感覚である。これらの感覚の他に，振
動覚は表層感覚と深部感覚の両方で定義される場合がある。表層感覚は，別名
表在感覚と呼ばれることもある。そして，英名で superficial sensation と名付
けられている。

　表層感覚への刺激の代表的なものとして，振動素子，空気圧やペルチェ素子
を用いた本物の触覚に限りなく近い刺激を皮膚表面に設置して刺激する「皮膚
表面への直接刺激」や，表層感覚の受容器周辺へ電気信号を伝達させる「触覚
電気刺激」がある。特殊感覚と表層感覚の詳細は，3.3節以降で解説する。

〔4〕　内臓感覚とその刺激手法

　内臓感覚は，臓器感覚と内臓痛覚の2種類がある。臓器感覚は，臓器が刺激
されるか臓器の状態が変化することで生じる感覚である。臓器感覚は，空腹，
吐き気，胃もたれ，渇き，尿意や便意などの体内部の臓器に存在する受容器で
受容される感覚である。臓器感覚への非侵襲で末端器官や末梢神経系経由の刺
激手法はほとんどない。しかし，内臓感覚の尿意について，1つ例を挙げると
すると，エアーバックを用いた下腹部への圧迫刺激による尿意の擬似的な再現

がある¹⁾。

内臓痛覚は，臓器が傷つけられたり，炎症を起こしたりしたときに生じる感覚である。表層感覚の痛覚と違い，一部の限定的な傷つきや炎症では内臓痛覚が感じられることは少なく，臓器が広範囲に傷ついた場合は炎症を起こした場合に内臓痛覚が感じられる。こちらも，非侵襲で末端器官や末梢神経系経由の刺激手法はほとんどない。内臓痛覚である子宮収縮による痛み（陣痛）の際，下腹部周囲への電気刺激によって子宮付近の筋肉を強く収縮させることで，擬似的に子宮収縮による痛みを表現した事例がある[2]。

3.1.3　中枢神経系への刺激

非侵襲での生体の中枢神経系への刺激は，刺激の対象者（ユーザ）に対して感覚の知覚情報だけでなく，認知や記憶をはじめとする高次機能へ情報を伝達する場合に多く用いられる刺激である。ヒトの中枢神経系へ刺激を与える場合，脳と脊髄が刺激の対象部位となる。

〔1〕　経頭蓋電気刺激

経頭蓋電気刺激とは，頭皮の上に設置した電極を経由して，脳と脳周囲に電気刺激を与えることで，知覚，認知，あるいは高次機能に関する情報を伝達すると言われている[3]。経頭蓋電気刺激のうち，直流で電気刺激を行うことを**経頭蓋直流電気刺激**（transcranial direct current stimulation）と名付けられている。TDCS，またはtDCSと表記される（以降はTDCS）。

この刺激により，身体機能や認知機能の向上につながるのではないかと，特に神経科学，脳科学，基礎心理学や生理心理学の分野にて，盛んに研究がなされている。

経頭蓋直流電気刺激による高次機能，運動記憶への影響を示す代表的な研究として，野崎らが2016年に発表したTDCSによって作られた脳の状態が，運動記憶に影響するという報告がある[4]。中枢神経系への電気刺激に関しては，3.9節を参照いただきたい。

〔**2**〕　**経頭蓋磁気刺激**

経頭蓋磁気刺激（**TMS**, transcranial magnetic stimulation）とは，1985 年に Anthony Barker らが発表した，磁場を発生するコイルを頭部周囲に設置し，脳の外側から大脳を局所的に刺激する方法である [5),6)]。特に連続刺激の場合は **rTMS**（repetitive transcranial magnetic stimulation）と名付けられている。

TDCS と同様に，神経科学，脳科学，基礎心理学や生理心理学の分野にて，盛んに研究がなされている。本刺激の脳血流や脳波の制御によって，運動野を通じて手足の動きを制御したり，高次機能に影響を与えたりする。リハビリテーションや心療内科治療などに応用されている。

ヒューマンインタフェースとしての研究報告では，1 人の被験者の**脳波**（EEG, electroencephalography）から得られた情報を，もう 1 人の被験者に TMS を与えることによって，手指の位置覚や運動覚の情報として伝達している [7)]。つまり，1 人の被験者が指を動かすと，もう 1 人の被験者の指が刺激により動作するシステムの構築が報告されている。中枢神経系への磁気刺激に関する詳細は 3.10 節を参照いただきたい。

3.2　筋 電 気 刺 激

3.2.1　筋電気刺激の定義と原理

筋電気刺激とは，筋あるいは神経に対して電気刺激を与えることによって，筋収縮を誘導することである。この筋収縮によって手足を動作させて，深部感覚（固有感覚）を伝達する。電気刺激の種類は，本来脳から末梢神経に伝達されるパルスの電気信号に類似した信号の電気刺激を与える（**図 3.4**，**図 3.5**）。筋電気刺激は，正式には**神経筋電気刺激**と呼ばれ，英名では **NMES**（neuromuscular electrical stimulation）[8)]と名付けられている。筋電気刺激には，EMS と FES がある。

EMS（electrical muscle stimulation）とは，皮膚に装着した電極から神経や筋肉をパルス信号により電気的に刺激し，特定の筋肉を動作させる手法であ

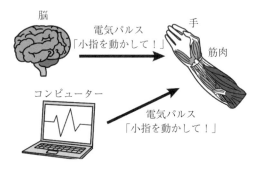

図3.4　筋電気刺激の原理

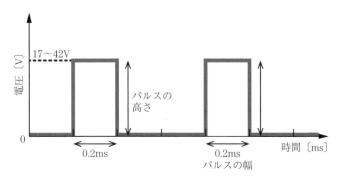

図3.5　電気パルスの例

る。EMS は身体制御にあたって，出力するエネルギーが小さく，装置の小型軽量化は比較的容易と言われている。EMS は，スポーツトレーニング補助として電気的筋肉刺激運動療法[9]が知られ，低周波治療器としても広く普及している。また，パフォーマンスやアート[10]としても利用されている。

　FES（functional electrical stimulation）とは，電気パルスによって筋肉に刺激を与え，生体機能を制御することである。FES は，麻痺した手足を電気刺激により動作させ，再建させるシステムとして知られている。脊髄損傷や脳血管障害などの上位運動神経損傷で生じた麻痺で片方の手足を動かすことができなくなった際に用いられる。健常な手足の筋電データやユーザの音声命令から麻痺した手足に電気刺激を与え，動作機能を再現する。

3.2.2　侵襲性と非侵襲性の筋電気刺激の例

筋電気刺激には，侵襲性と非侵襲性の2つがある。それらの例を別々に紹介する。

〔1〕　侵襲性の筋電気刺激の欠点と非侵襲性が求められる理由

Kruijff らは，4つ以上の筋肉を刺激し，手関節2自由度運動を制御する手法[11]を提案した。この報告から，電気刺激で筋肉が伸縮し，手首関節に繋がっている腱を動作させることによって，手首の制御が確認できる。ただし，皮膚に埋め込む侵襲性の電極を用いるので，気軽に使用することはできない。障害の有無にかかわらず，ユーザが日常生活で手軽に使用するためには，非侵襲性の電極を用いる必要がある。さらに，電気刺激を行う場所は，物体把持や接触に使われる手指を避けなければならない。

〔2〕　非侵襲性の筋電気刺激の例

おもに前腕に電極を装着し手指を電気刺激で動作させる NESS H200[12]は，手指の動作と触感を阻害することなくハンドジェスチャ制御が可能となっている（**図3.6**）。ただし，NESS H200 は，手を開く，閉じるといった単純なハンドジェスチャしか出力できない欠点がある。

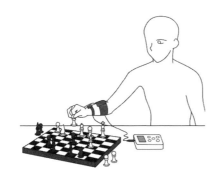

図3.6　装着型のハンドジェスチャ制御の例，NESS H200[12]

稲見らは，ユーザの手にデータグローブを装着し，指先が仮想物体に当たっているかの当り判定を検出し，当り判定時に前腕に設置した電極を通して電気刺激を与え，手指にフィードバック感覚を与える「仮想体感装置」の特許申請を行っている[13]。

　玉城らは，非侵襲性のパッド型の電極を用いて，前腕周辺に電気刺激を与え
て，手指を制御する PossessedHand を提案した。手指動作の際に用いる比較
的大きな筋肉は，前腕周辺に密在している[14]。前腕にベルト状に 14 個の電極
パッドを 2 列，つまり 28 個配置し，筋肉へ電気刺激を与える。その各々の筋
肉と繋がっている腱が手指関節を動作させ，手指を制御する。また，
PossessedHand を H2L 社が製品化した 8ch の多電極の筋電気刺激装置
UnlimitedHand は，筋肉の膨らみを検知するセンサ（光学式筋変位センサ）に
よって腕や筋肉の動きを検出することも可能であり，さまざまな分野で活用さ
れている（図 3.7）。

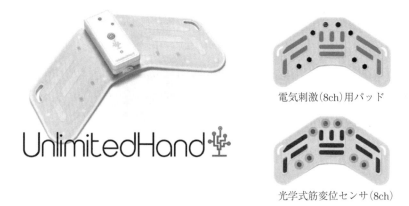

電気刺激(8ch)用パッド

光学式筋変位センサ(8ch)

図 3.7　非侵襲性のパッド型の電極

３.２.３　筋電気刺激による身体所有感への影響

　視覚刺激だけでなく筋電気刺激を用いた深部感覚のフィードバック，つまり
クロスモーダルな刺激による情報提示は，ユーザが感じるオブジェクトの存在
感やコントロールするアバターに対する身体所有感について有意な差が出るこ
とがわかっている。

　20 ～ 30 代の男女 11 名の実験参加者に対し，2 つの実験を行った。1 つ目の
実験では，実験参加者は，「VR 空間内のボールに触れた後に初期位置に戻る」
という簡単なタスクを 5 分間実施した。2 つ目の実験では，実験参加者は，「VR

空間内のカッターが実験参加者の操作するバーチャルの手に触れた後，カッ
ターが初期位置に戻る」という簡単なタスクを5分間実施した。

　両実験では，実験参加者は，タスク中に HMD，加速度ジャイロ計，筋変位
センサを通じてアバターの手（バーチャルの手）をコントロールする。HMD
によって，バーチャルの手と対象のオブジェクトの挙動に関する視覚刺激が与
えられる。同時に，対象のオブジェクトとバーチャルの手の当り判定時には，
グループ A には深部感覚が提示され，グループ B には皮膚感覚の振動が提示
された。深部感覚を提示するための筋電気刺激には UnlimitedHand を用いた。
オブジェクトの存在感の大きさは，ユーザアンケート上の VAS（visual analog
scale）にて回答結果を収集した。ただし，VAS は mm で計測しパラメトリッ
クとして結果を取り扱った。

　結果，いずれの実験においても，グループ A が感じるオブジェクトの存在
感は，グループ B のそれよりも有意に大きかった。

　以上の結果から，筋電気刺激による深部感覚の情報提示は，バーチャルオブ
ジェクトの存在感の表現に重要であることがわかった。同時に，VR 内のカッ
ターの存在感は，VR 内で実験参加者がコントロールするアバターに対する身
体所有感の発生も示している。つまり，筋電気刺激による深部感覚の情報提示
は，コントロールするアバターに対する身体所有感を発生させるには重要な感
覚であるといえる。

〔1〕　**筋電気刺激を扱う際の注意点**

　ユーザの状態・適切な人間拡張を行うために，人間拡張を行うときは体調の
良いときに限定する。特に，ユーザが下記の場合に当てはまるときには，電気
刺激装置とボディの接続は避ける。

　（ア）　心臓や精神に持病，もしくはその他の重大な持病がある場合

　（イ）　医師から処方された常用薬がある場合

　（ウ）　治療とリハビリが完了してない怪我や病気がある場合

　（エ）　妊娠しているか，妊娠している可能性がある場合

　（オ）　皮膚アトピーの場合

（カ） 貧血気味と医師に診断されたことがある場合

（キ） その他，実施者が実験に不適格と判断した場合

また，JIS T 2003/2011 家庭用電気治療器7章表示および取扱説明書に記載される，医師への相談がすすめられる以下の基準に，ユーザが当てはまる場合も電気刺激装置とボディの接続は避ける。

（ク） 悪性腫瘍のある人

（ケ） 心臓に障害のある人

（コ） 妊娠初期の不安定期又は出産直後の人

（サ） 糖尿病などによる高度な末梢循環障害による知覚障害のある人

（シ） 体温38℃以上（有熱期）の人

（ス） 安静を必要とする人

（セ） 脊椎の骨折，捻挫，肉離れなど，急性疼痛症疾患の人

当日に以下の項目に，ユーザが当てはまる場合も電気刺激装置とボディの接続は避ける。

（ソ） ユーザが，本人の体調が優れないと判断した場合

（タ） 腕や手に傷や筋肉痛がある場合

（チ） 当日の睡眠時間が日本人平均睡眠時間（7時間）以下の場合

（ツ） 前日もしくは当日にアルコールを摂取している場合（二日酔い）

（テ） 電気刺激を使う場合，電極装着部分に虫刺されや引っ掻き傷がある場合

（ト） 数日中に献血をしている場合

（ナ） 空腹状態の場合

（ニ） ユーザが健康や精神状態に異常をきたしていると，人間拡張をするユーザが判断した場合

（ヌ） その他，管理人が使用に不適格と判断した場合

（ネ） 電気刺激を使う場合，後述する電気刺激に関するパッチテストで人間拡張をするユーザの体調が悪くなった場合

〔2〕 電気刺激に関するパッチテスト

電気刺激を使う場合，ユーザが電気刺激に対して抵抗感があるか，使用前に

パッチテストを行う。パッチテストでは，電極を1chだけユーザの前腕部分に装着し，5W以下で0.1〜0.2msパルス幅の電気刺激を与える。パッチテスト時に，ユーザの体調が悪くなった場合や，ユーザがパッチテストの中止を求めた場合は，ただちにパッチテストを中止する。

3.3　触覚電気刺激

3.3.1　触覚電気刺激の概要

触覚電気刺激は，皮膚に存在する感覚受容器を電流によって刺激することで触覚を提示する手法である。この手法はアクチュエータなどによる物理的な「力」を使わないため，力学的な装置を利用する手法と比較して，高い時間応答性をもたせることができること，装置の小型化が可能なこと，省エネルギーな装置を構築できることなどのメリットがある。しかし，現状は電気刺激によって生じる触覚は自然な感覚ではなく，刺激が不安定であるなどの課題が残っている。このため，触覚電気刺激を一般に実用化するのは現在のところ難しい。本節では，触覚電気刺激の基礎的な知識とその応用を紹介し，刺激の安定化に関する内容を議論する。

3.3.2　指先の触覚を提示するディスプレイ技術

われわれが物体を触る際に生じる触覚は，指先における4種類の受容器の活動による結果と考えられている。具体的には**マイスナー小体**，**メルケル細胞**，**パチニ小体**および**ルフィニ終末（小体）**で，それぞれ**低周波振動**，**圧覚**，**高周波振動**，および**皮膚変形**に対応する（**図3.8**（a））[15]。また，視覚における三原色（RGBの混色方法）と同様に，これらの受容器を選択的に刺激できれば，あらゆる触覚を再現可能だと考えられている[16]。

指先触覚の再現手法として，振動子やピンマトリクスによる機械的な振動や圧覚の刺激が多く利用されている[17]~[19]。しかしながら，皮膚のマス・ダンパの成分が大きく，こうした機械的な刺激では触覚受容器を活動させるのに大き

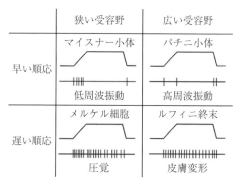

	狭い受容野	広い受容野
早い順応	マイスナー小体 低周波振動	パチニ小体 高周波振動
遅い順応	メルケル細胞 圧覚	ルフィニ終末 皮膚変形

（ a ）　指先の感覚受容器の特性

（ b ）　電気刺激の応用例

図3.8　触覚受容器の特性と応用例

なエネルギーが必要となる。そのため，装置の小型化と空間解像度の向上が非常に困難である。これに対して，皮膚に電流を流し触覚受容器を刺激する電気刺激は，物理的な力を使わないため，応答性が高く，装置の小型化や高空間解像度の設計が可能になる[20)~22)]。しかし，電気刺激で生じる触覚は**機械刺激**のような自然な触覚ではないためリアルな触覚を作ることが難しい。また，刺激強度の不安定さや感じる感覚の個人差のため，現状の技術では実用化に限界がある。すなわち，自然な触覚を作り出す方法および安定した刺激方法を開発する必要がある。

3.3.3　皮膚電気刺激

　ここでは皮膚の電気的モデルとその刺激方法を紹介し，**皮膚インピーダンス測定**について論じる。また，電気刺激パラメータ（電流波形のパルス幅，パルス高さ，パルスレート）や陽極刺激と陰極刺激等の極性の及ぼす触覚への影響について述べる。

〔1〕　**電気的皮膚モデルと刺激方法**

　神経細胞膜の外部の2点に電位差をかけると，神経が脱分極し活動する。電気神経刺激の回路モデルは，McNeal[23)]によって最初に説明され，刺激のモデ

リングやシミュレーションにおいて使われている。ただし，McNeal のモデル
は，神経膜コンダクタンスの動的変化を考慮し，その典型的な推移を簡単に把
握することができない[24]。より単純なモデルは，Rattay[25] によって提案された。
これは，神経の電気的パラメータを一定とし，神経膜電位が特定の閾値に達す
ると神経が活動するというものである。

図3.9 に示すように，神経細胞膜がコンダクタンス G_m，キャパシタンス
C_m，内部コンダクタンス G_a をもつ。電極の間に電流 I を流すと，皮膚表面に
電位分布が生じ，神経軸索に沿った電位分布 G_m は膜電流 I_m を生成し，神経
膜の電位差 V_m をもたらす。電位差の V_m は神経膜の外側の電位 Ψ に依存する
ため，電気刺激は，Ψ を入力，V_m を出力とすることでコントロールすること
ができる。

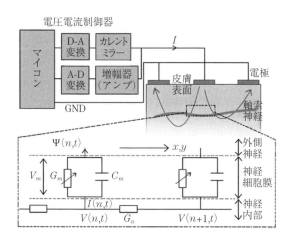

図3.9　神経刺激の電気回路

　図に示した神経刺激の電気回路から，一次熱伝導方程式と同様な形（V_m が
温度，Ψ が入力の熱量）で，以下の activating function（活性化関数）が得ら
れる。

$$-G_a \frac{d^2}{dx^2} V_m + C_m \frac{d}{dt} V_m + G_m V_m - G_a \frac{d^2}{dx^2} \Psi \qquad (3.1)$$

このモデルにおいて，電気刺激の目的は，V_m を特定の閾値を超えるように

上昇させることであると考えることができるため，電気刺激の強度は入力電位分布の Ψ と関係する。例えば，一点の電極に電流を流すと，電位分布 Ψ が電極からの距離 r における電流分布によって得られる[24]。すなわち，電流を皮膚に通すことで神経が活性化する。電気刺激のための電流制御装置の1つとして，Kajimoto[24]はカレントミラー回路を用いた電気刺激装置を開発している。この回路では電流をコントロールすることで神経刺激の強度を調整することができる。さらに，多チャネルスイッチング集積回路（IC）で高速に刺激電極位置を切り替えできるため，高空間解像度の刺激も可能となっている。さらに，アナログ・ディジタル（A-D）変換 IC によって電極間の電位差を計測でき，〔2〕に述べるように皮膚インピーダンスのリアルタイム測定のために，この電位差の波形が重要であることを示している。

　また，活性化関数によって，次の2つの特徴が生じると推測されている。①神経の位置が皮膚の深部になるにつれて，活性化関数の値が下がる。これは，より深い位置にある神経が活性化しにくくなることを意味する。②皮膚表面と平行に走る神経に対して陰極電流は正の活性化関数をもつ。これは，陰極電気刺激により神経を脱分極させて活性化できることを意味すると推定されている[16],[24]。陽極と陰極の電気刺激の違いについては〔4〕に詳しく述べる。

〔2〕　皮膚インピーダンスのリアルタイム測定

　図3.10（a）の $RC\text{-}R$ 回路は，皮膚の電気的モデルとしてよく使用されている。Watanabe ら[26]の計測結果によると，RC 回路と直列に接続されている抵抗 R_s の値は小さい。したがって，R_s を無視することで，皮膚インピーダンスの電気的モデルは，図（b）に示すように，抵抗 R とコンデンサ C の並列接続によって最も簡略に表現できる。

　皮膚インピーダンスの計測には，一般的に Cole-Cole 円弧則が利用されている。これは，低周波から高周波までの正弦波電圧の入力信号の変化に対する出力信号の振幅および位相の変化は複素平面上の円弧状に描かれることを利用し，近似式でインピーダンスを推定するというものである。しかし，この方法は長時間の電気刺激が必要であり，リアルタイムの測定には向かない。これに

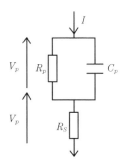

（a）　*RC-R* 回路電気
　　　神経刺激のモ
　　　デル

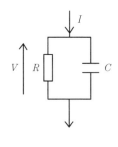

（b）　*RC* 回路電気的
　　　皮膚の簡略化
　　　されたモデル

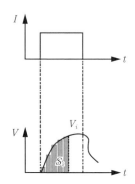

（c）　パルス電流入力に対する
　　　皮膚インピーダンスをリ
　　　アルタイムで測定するた
　　　めの電極間の電圧の波形

図 3.10　皮膚の電気的モデルの回路と波形

対して Yem らの研究では，図（c）に示すように，電極間の電流値と電圧波形を利用し，電圧面積波形を最小二乗法でフィッティングすることで，R と C の値を推測する。この方法によって，1 つの電流パルスだけで R と C の値を求められるため，皮膚インピーダンスの測定はほぼリアルタイムだと考えられる（パルス幅が 200 μs と非常に短い時間とする）。

　図（b）により，抵抗とコンデンサに流れる合計電流と電圧の関係は以下の式で示す。

$$\frac{V}{R} + C\,\frac{dV}{dt} = I \tag{3.2}$$

電流 I はパルス高さが一定であり，式（3.2）によって電圧を計算できる。

$$V(t) = IR\left(1 - e^{-\frac{t}{RC}}\right) = E\left(1 - e^{-\frac{t}{\tau}}\right) \tag{3.3}$$

ここで $E = IR$（最大電圧），$\tau = RC$（時定数）である。

　電圧曲線の下の面積は次式で与えられる。

$$S(t) = \int_0^t V(t)\,dt = E\left(t + \tau e^{-\frac{t}{\tau}} - \tau\right) = Et - \tau V(t) \tag{3.4}$$

式（3.4）により，離散測定による曲線の面積の最小二乗誤差（E_{LSM}）は，次式で示す。

$$E_{\mathrm{LSM}} = \sum_{i=0}^{N} \left[S_i - (Et_i - \tau V_i) \right]^2 \tag{3.5}$$

ここで

$$S_0 = 0, \quad S_i = \Delta T \times \sum_{j=1}^{j=i} \frac{(V_{j-1} + V_j)}{2} \quad (i > 0) \tag{3.6}$$

である。$\dfrac{d(E_{\mathrm{LSM}})}{dE}$ と $\dfrac{d(E_{\mathrm{LSM}})}{d\tau}$ を 0 とし，これらの式を解くことによって次式で E と τ を推定できる。

$$E = \frac{\displaystyle\sum_0^N S_i t_i \sum_0^N V_i^2 - \sum_0^N S_i V_i \sum_0^N V_i t_i}{\displaystyle\sum_0^N t_i^2 \sum_0^N V_i^2 - \left(\sum_0^N t_i V_i \right)^2} \tag{3.7}$$

$$\tau = \frac{\displaystyle\sum_0^N S_i t_i \sum_0^N V_i t_i - \sum_0^N S_i V_i \sum_0^N t_i^2}{\displaystyle\sum_0^N t_i^2 \sum_0^N V_i^2 - \left(\sum_0^N t_i V_i \right)^2} \tag{3.8}$$

皮膚インピーダンスの R と C は，最大電圧 E と時定数 τ の値で計算できる。従来の方法では，Cole-Cole 円弧則を採用したインピーダンスアナライザーが一般的に使用されてきたが，各刺激において測定を実行するのに時間がかかるという欠点があった。これに対して上記のフィッティング方法では，皮膚の抵抗と静電容量の状態を簡単に観察することができ，触覚電気刺激の実行中の皮膚の状態の変化を推定することも可能であるという利点がある。

〔3〕　**電流刺激のパラメータ**

触覚電気刺激のパラメータはおもに，電流のパルス高さ（電流の強度），パルス幅，およびパルスレート（1秒当りパルスの繰り返し数）があり，これらのパラメータの影響について研究されている。電流のパルス高さだけでなく，パルス幅（pulse width）とパルスレート（pulse rate）も刺激強度の変化に寄与することが知られている。より広いパルス幅またはより高いパルスレートで

はより強い刺激が得られる。Szeto[27]の実験結果によると，同じ程度の刺激強度が望まれる場合，以下の関係式でパルス幅とパルスレートをたがいに調整することが可能である。

$$\log(パルス幅) = a + b \log(パルスレート) \tag{3.9}$$

ここで，a と b は係数で，パルスレートは，1 から 100 pps（pulses per second）の範囲であった。すなわち，パルスレートが増加するにつれて同じ強度を得るためにパルス高さまたはパルス幅を下げる必要がある。

　より高い刺激電流（パルス高さ）は，より高い周波数の感覚（知覚パルスレート）が得られる[28],[29]。これは，強い刺激で各パルスを区別しやすくなることを意味する。この現象は，視聴覚においても同様にみられ，弱い光で色の区別をしにくく[30]，強い音圧で音のピッチの区別をしやすくなる[31]。上記に述べたように，より高いパルスレートはより強い刺激の感覚を与えるが，このパルスレートの影響は，パルス高さの影響より低い[29]。

〔4〕　陽極と陰極の電気刺激

　〔1〕に述べたように，触覚電気刺激は陽極刺激と陰極刺激の極性に応じた2種類の方法がある（**図3.11**）。陽極刺激とは，刺激点の電極（刺激電極）を高電位に接続し，他の電極（接地電極，刺激電極より面積がはるかに大きい）を低電位に接続して刺激することである。これに対して，陰極刺激は，刺激電

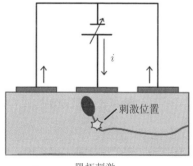

陽極刺激

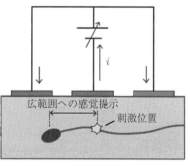

陰極刺激

図3.11　触覚電気刺激の2種類の方法

極が低電位に接続し，他の電極が高電位に接続するときに生じる。

　陽極刺激と陰極刺激の感覚 閾 値は，皮膚の部位によって異なることが報告
されている [32)~34)]。前腕などの有毛肌の場合，陽極の閾値は陰極の閾値よりも
高いが，指先などの無毛肌では低いと確認されている。誘発された感覚の領域
のサイズも異なると報告されている。陰極刺激は広範囲にわたって感覚を生成
するが [33)]，陽極刺激ははるかに狭い範囲に集中した感覚を生成する [32)]。

　Kajimoto ら [24)]は，感覚の質はこうした極性に依存すると報告している。陽
極パルスはおもに振動感覚を誘発するが，陰極パルスはより圧力のような感覚
を誘発する。彼らはその違いの理由を次のように推測した。神経に沿った電位
分布によって神経を活性させる activating function [25), 35)]を考慮すると，陰極パ
ルスは皮膚表面に平行に走る神経を効率的に脱分極させるが，陽極電流は垂直
方向の神経を効率的に脱分極させる。一方で，機械的振動に反応するマイス
ナー小体の神経はおもに皮膚の垂直断面で観察されるが，機械的圧力に反応す
るメルケル細胞の神経はおもに皮膚表面に平行な断面で観察される [36)]。した
がって，陰極パルスと陽極パルスがメルケル細胞とマイスナー小体の神経を選
択的に刺激し，異なる感覚をもたらす可能性がある。この推測はまた，神経が
水平に向いている場合，刺激点と神経の先端の機械受容器との間に常に距離が
あるため，陰極刺激によって誘発される感覚の領域が大きい理由を説明でき
る。しかし，陰極刺激と陽極刺激によって誘発された感覚の定量的評価はまだ
行われていなかった。このため Yem らの研究では，人差し指と中指にそれぞ
れ電気刺激と機械刺激を与え，機械刺激の低周波振動と高周波振動の強度を電
気刺激の強度と同じように調整することで，陰極と陽極刺激の違いを直接確認
した [37)]。結果は，陽極刺激が振動感覚のみを生成するのに対し，陰極感覚は
振動と圧力感覚の両方を生成することを確認した。

3.3.4　刺激の安定化

　同一の条件で刺激した時の知覚強度の変動は，電気刺激技術の一般的な問題
である。皮膚の湿度は，感覚の強さに強く影響すると考えられている [38), 39)]。

皮膚が湿っているとき，電流の強さをより大きくしなければ刺激を感じにくくなる。また，刺激位置によって感覚閾値が変化することも報告されている[32)～34)]。この感覚強度の変動に加えて，個人差も大きいため，電気刺激の実用化は今なお困難であり，有効な安定化方法が求められている。

〔1〕　ダイナミックレンジの拡大

これまでに，感覚閾値と痛み閾値の間の範囲を拡大するという方針での解決方法がいくつか提案されてきた。例えば，Collins[40)]は，20 ～ 50 μs までの範囲の小さなパルス幅を使用することを提案した。Polleto と Van Doren[41)]は，刺激パルスの前に感覚が生じないレベルの低いパルスを提示することを提案した。Kaczmarek ら[42)]は，最大ダイナミックレンジを得るために一周期の繰り返す波形ごとに多数のパルスを使用することを提案した。彼らの実験結果によると，一周期波形ごとに4つのパルスが，参加者の形状識別精度が高く最適な数であった。これらの研究結果は，刺激強度の安定化にとって重要であるが，皮膚の湿度の影響に関する変動においてはその有効性は限られている。したがって，他の効果的な解決方法についてさらなる調査が依然として必要である。

〔2〕　フィードバックコントロール

皮膚インピーダンスの値を使用したフィードバック制御は，感覚閾値の空間的変動を最小限に抑えるための，1つの効果的な方法だと考えられている。このためには，次に述べるような皮膚インピーダンスの特性を明らかにする必要がある。Watanabe ら[26)]は，皮膚のコンデンサ成分の静電容量と感覚閾値が比例関係にあることを示した。また，3.3.3項〔3〕に述べた，Szeto[27)]とKaczmarek ら[29)]によって示されたパルスレートとパルス幅の関係性もフィードバック制御において重要な特徴の1つである。一方，知覚の安定性を高めるために Tachi ら[43),44)]は，電流または電圧のみ使用するのではなく，エネルギー（電流・電圧・パルス幅）を入力変数として使用する必要があることを示唆している。これらの研究結果に基づいて Kajimoto[45)]は，パルス幅変調によるリアルタイムのインピーダンスフィードバック制御を提案している。

〔3〕　コンデンサ成分エネルギーに基づくコントロール

これまでに提案された方法は限定された範囲でしか効果がなく，完全な安定性を達成しているとは言えない。皮膚神経の活動を直接観察することは非常に困難であるため，電気刺激を完全に安定化するためにはまだ技術的な課題が山積している。Yem らの研究では，3.3.3項〔2〕に紹介した，皮膚インピーダンスの変化をリアルタイムで推測できるフィッティング方法を利用し，皮膚コンデンサ成分のエネルギーを予備的な実験で求めた。その結果，指先の皮膚の湿度に関わらず，コンデンサに蓄えたエネルギーがほぼ一定であることが確認できた[46]。したがって，コンデンサのエネルギーを制御パラメータとすれば，従来方法よりも安定な刺激を与えられる可能性がある。

3.3.5　皮膚電気刺激の応用

電気刺激は刺激強度に対する個人差が大きいという実応用に向けた課題が残っているが，高い応答性があること，装置の小型化が可能なこと，省エネルギーな装置が構築できることなどの利点から以下のように応用研究が実施されている。

〔1〕　形状感覚の提示

触覚電気刺激は高空間解像度で提示可能であるため，触覚的な形状を表現するために多く使われている。Kajimoto[22),47)]は，手のひらの全体にさまざまな形状感覚を提示できる広い面積をもつ電極アレイを開発した。

Khurelbaatar ら[48)]は，スマホ画面に表示する虫やギター弦などのさまざまな形状感覚を，スマホの裏に接する人差し指に電極アレイで提示した。

Collins[40)]は Tactile Television システムを開発し，プロジェクタから投影する映像の形状をロービジョンの患者に提示するために，20×20 電極アレイで背中に提示する方法を紹介した。

〔2〕　硬軟感の表現

Yem らは，陰極触覚電気刺激がおもに圧覚を生成することを確認し[37)]，バーチャルな物体をつかむ際に生じる反力の感覚フィードバックとして採用してい

る（図3.8（右））[49]。また触覚電気刺激では，物体の硬軟感を提示できるかという観点から陰極刺激に関する仮説が唱えられている[50]。

　物体をたたく感覚を再現するには，減衰正弦波振動で表現可能だと知られており，物体の質感はその振動周波数に依存するという特徴がある[51]。例えば，硬いアルミ板は高周波の 300 Hz，木材は 100 Hz，より柔らかいゴムは低周波の 30 Hz の減衰正弦波振動で表現できる。また，パチニ小体，マイスナー小体，およびメルケル細胞は，それぞれ高周波振動（250 Hz 前後），低周波振動（40 Hz 前後），および圧覚（1 Hz 以下の低い周波振動）に敏感である（図3.8（左））[15]という特徴から，パチニ小体が硬さに，メルケル細胞が柔らかさに影響を及ぼすと予想し，予備実験を行ったところ，減衰正弦波振動に陰極刺激を加えることでより柔らかく感じることを確認できた[50]。ただし，視覚の影響が強いため，視覚によって物体がより硬いと認識される場合，電気刺激はこの感覚を増幅することになる[37]。

〔**3**〕　**電気刺激と機械刺激を併用した触覚ディスプレイ**

　さまざまな触覚を提示することを目標として，指先における受容器を選択的に刺激する手法がいくつか提案されている。Konyo ら[52]や Asamura ら[53]は，機械的振動を制御することでメルケル細胞とマイスナー小体，パチニ小体を，Kajimoto ら[16]は，皮膚電気刺激の電流極性を変更することでメルケル細胞とマイスナー小体を選択的に刺激する方法を提案している。しかしこれまでに指の 4 種類の機械受容器のすべてを必要十分な時空間解像度で選択刺激する手法は提案されていない。

　指先にあらゆる触感を提示するには，皮膚を十分な空間解像度（1.5 mm 以下）と十分な時間解像度（0 から 1 kHz）で刺激し，さらに物体の反力のような力を与える必要がある。この条件を満たすには，現在の電気刺激や機械刺激単独の技術では難しいため，Yem らの研究ではこの 2 つの刺激を併用する手法が提案されている。この手法では電気刺激は高い空間解像度が必要なメルケル細胞とマイスナー小体，または指に深く存在する腱に起因する感覚を担当し，機械刺激は高い時間解像度または横ずれ感という特殊な感覚を担当するバ

チニ小体とルフィニ終末に起因する感覚を担当する。これによって，4種類の受容器に対して，時空間的に必要十分な刺激が可能な小型触覚ディスプレイを開発した（図3.8右，**図3.12**）[54),55)]。

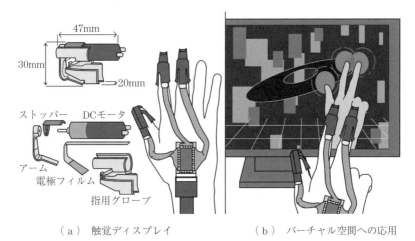

47mm

30mm

20mm

ストッパー　DCモータ

アーム

電極フィルム

指用グローブ

（ a ）　触覚ディスプレイ　　　　　　（ b ）　バーチャル空間への応用

図3.12　小型触覚ディスプレイ

3.4　腱 電 気 刺 激

3.4.1　腱がもたらす感覚と反応

本節は腱部周辺からの刺激によって感覚神経を刺激することで**自己受容感覚**（または**固有感覚**，propreoception）の錯覚を提示する技術を扱う。

自己受容感覚は体性感覚の一部で，皮膚感覚とともに触力覚提示技術（haptics）を構成する重要な要素であり，自分がどんな姿勢（位置覚）でそれがどのように変化（運動覚）しているか，あるいはどのような力のやり取りがされているか（力覚）といった感覚の総称である。

運動に関する感覚の1つに，遠心性命令によるものがある[56)~58)]。中枢神経系からの筋収縮などをもたらす遠心性シグナルのコピーが感覚として用いられ，無視できない遅延のある末端からのフィードバックではなしえない運動もこうしたフィードフォワード制御によって説明が可能である。しかしながら，

遠心性神経などが麻痺していないにも関わらず求心性神経が機能せず末端からの情報がなくなったことで体を自由に動かすことが難しくなった症例がある[59]。したがって，自己受容感覚はこうしたフィードフォワードモデルだけでは成り立ちえず，末端からのフィードバックも重要であり，おもに骨格筋周りの機械受容器や，前庭感覚器によって得られる（**図3.13**）。

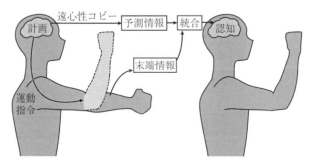

図3.13　自己受容感覚のフィードバックと遠心性コピー

　こうした自己受容感覚の提示技術は，究極的には体を動かさずに，感覚としてのみ体が動くあるいは動かされる情報を提示可能とし，ロボット義手の操作[60]やバーチャルリアリティ空間での運動体験の向上[61]に用いられている。

　本節ではまずこの自己受容感覚に関係する骨格筋周りの受容器に関して説明の後，これらの受容器を刺激する自己受容感覚提示手法として腱周辺への刺激手法についてのこれまでの研究を解説する。

3.4.2　骨格筋周辺の自己受容器の構造と機能

骨格筋まわりにはおもに2つの自己受容感覚の受容器（自己受容感覚器，propreoceptor）が存在し，1つは筋紡錘，もう1つはゴルジ腱器官である。

〔1〕 筋 紡 錘

　図3.14に**筋紡錘**（muscle spindle）のモデル図を示す。筋紡錘は筋肉の長さとその変化の情報を得ることができる[56),58]。基本的な構造としては錘内筋線維と感覚・運動神経線維から成り立っており，カプセル（紡錘鞘）で覆われている。錘内筋線維は実際の運動にかかわる筋線維（錘外筋線維）と平行に位

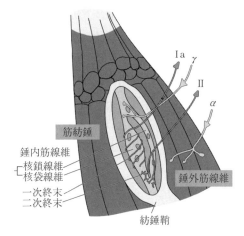

図3.14　筋紡錘のモデル図

置している。紡錘鞘は筋肉の膨大部に位置しており，このカプセルに包まれている部分の錘内筋線維（錘内部）の中央付近で感覚神経が，錘内部の端付近を運動神経が接続している。各感覚神経は錘内筋線維の伸長に伴い機械受容チャネルが開き発火頻度が増すことで，筋紡錘では筋の長さやその変化を得ることができる。各運動神経は錘外筋の伸縮に伴い錘内筋も伸縮させることで筋紡錘の感度を調節し刺激に順応させる働きをもつ。

　筋紡錘に接続する感覚神経にはⅠ群神経線維（Ia線維；直径 12-20 μm）とⅡ群線維（直径 6-12 μm）の2種類がある。運動神経には動的・静的なγ運動神経線維の2種類がある。実際には錘内筋を支配する運動神経にはγ線維の他にβ線維もあるがα線維が錘内線維をも支配していた進化上の名残とみられている[62]。錘内筋線維は動的核袋線維，静的核袋線維，核鎖線維に大別され，その機械的機能と神経支配の差によって情報の分担がされ，Ia線維は筋長の変化に敏感であり，Ⅱ群線維は筋肉の長さに応じる。

〔2〕　ゴルジ腱器官

　図3.15に**ゴルジ腱器官**（Golgi tendon organ）のモデル図を示す。ゴルジ腱器官は筋の収縮する**力**の情報を得ることができ，筋の長さを変化させる刺激に

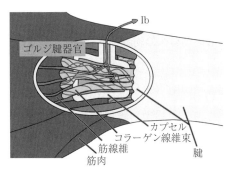

ゴルジ腱器官

Ib

カプセル
コラーゲン線維束
筋線維
筋肉
腱

図 3.15　ゴルジ腱器官のモデル図

対しては閾値が高い[63]。基本的な構造としてはコラーゲン線維と感覚神経線維で成り立っており，カプセルに覆われている。長さは平均 1 mm 程度で太さは平均 0.5 mm 程度である。腱器官という名前だが，ゴルジ腱器官が位置する場所はその多くが筋から腱・腱膜に移行する部分である。この場合，コラーゲン線維束は実際の運動にかかわる筋線維の一部と直列につながっており，その反対側でカプセル内のすべてのコラーゲン線維束は 1 つにまとまって腱・腱膜と接続する。

　コラーゲン線維束は神経支配を受けているものと，ほとんどあるいはまったく神経支配を受けていないものがある。ゴルジ腱器官は筋紡錘と異なり運動神経に支配されていないが，神経支配を受けていないコラーゲン線維およびゴルジ腱器官を介さず直接腱につながっている筋線維は，筋紡錘における筋長の調整と同様に筋の張力の調整をしていると考えられる。筋紡錘に接続する感覚神経には I 群神経線維（Ib 線維；直径 12-20 μm）の 1 種類のみである。感覚神経は筋収縮によってコラーゲン線維束が伸び，この刺激によってコラーゲン線維束に絡まる Ib 神経の機械受容チャネルが開く。このためゴルジ腱器官では筋張力の情報を得ることができる。ただしゴルジ腱器官の外部ではあるが，ネコのアキレス腱において III 群線維や IV 群線維といった細い神経による神経支配が確認されている[64]。

3.4.3　腱への刺激と効果

〔1〕　腱刺激による筋紡錘への刺激と反射・運動錯覚の観察

　筋紡錘は 3.4.2 項〔1〕で述べたように筋の伸長に対して敏感に反応する。これをよく観察できるのが伸張反射の実験である。この伸展筋から延びる Ia 線維は脊髄において，その伸展筋および協働筋の α 運動ニューロンと単シナプス接続し，また拮抗筋の α 運動ニューロンと抑制性介在神経ニューロンを介して接続しており，筋が急速に伸びる刺激の後，伸展する反射が生ずる。

　1972 年 Goodwin ら [65] が上腕二頭筋および上腕三頭筋の肘側の腱に対して腱へ振動刺激を与えることで運動錯覚が生じることを観察した。Goodwin らは実験参加者の片方の腕に振動刺激を加え，もう片方の腕で振動を加えられている腕の運動を再現するように指示したところ，振動された側の筋が伸張する方向（e.g. 上腕二頭筋の腱への振動ならば前腕が伸展する方向）へ「運動」する錯覚が生じていることを確認した。運動錯覚の強度は振動刺激の強度によって変化するが，特に振動周波数に対しては明らかな相関が観察されており，80 Hz 前後が最適であることが示唆されている [66]。また腱振動の強度が一定以上強い場合，拮抗筋への遠心性シグナルが弱まる緊張性振動反射（TVR, tonic vibration reflex）が生じることが知られている。

　こうした実際には身体を動かさずに運動する感覚を得られる手法は，リハビリテーションへの臨床応用や SF 作品に登場するような VR や義体化技術の実用化への一歩となるに違いない。Conrad ら [67] は腱振動による Ia 神経刺激により，脳卒中患者の運動のパフォーマンス向上を確認した。また，VR 空間上の腕 [61] やロボット義手 [3] を BCI などで操作する際フィードバックとして利用し，操作性の向上を図る試みも複数なされている。この他に，現実の体の運動を変調する拡張現実的応用もいくつか試みられている [68]。さらに，Roll らは任意の 2・3 次元の運動感覚提示の可能性を示した [69]。

　また関連して，Ia 神経の電気刺激について，Gandevia ら [70] は手首における正中神経を狙いとした皮膚表面からの電気刺激が針電極を用いた場合と同様に運動感覚が生じたことを報告している。また筋電気刺激の際に α 神経のみな

らず Ia 神経も刺激されることがあり，特に脹脛への刺激において，α 神経刺激による筋収縮（M 波）の後に Ia 神経刺激によって生じる反射と思われる筋収縮（H 波）が観察されている[71]。

〔**2**〕 **腱刺激によるゴルジ腱器官への刺激と反射・力錯覚の観察**

　ゴルジ腱器官ないし Ib 神経への刺激を行う研究の多くは **Ib 反射**と呼ばれる抑制性の反射運動に関するものが多い。そのうち，表面電極による非侵襲的な手法に関して Kahn[72]らは腓腹筋の腱の刺激により筋収縮の抑制が生じたことを確かめた。この際の刺激は 200 μs の電流制御の矩形波で電極は腓腹筋の中央（筋腱接合部から 1 cm 踵側(かかと)）に陰極を，その隣に陽極を筋刺激が起こらないように設置された。一方で，Ib 神経の信号は多くの介在神経を経由するため，状況によっては抑制的でなくむしろ興奮性の反射を引き起こすことが知られている。例えば，地面をける際の脹脛の Ib 神経の信号は正のフィードバック効果をもつ[73],[74]。

　3.4.2項〔2〕で述べたようにゴルジ腱器官は筋の伸張刺激，あるいはリラックス時の振動刺激に対しては閾値が高く[75]反応しづらい一方で，ゴルジ腱器官への適刺激は筋収縮であることがわかっている[63]。したがって，ゴルジ腱器官ないしこれに接続する Ib 線維への選択的刺激が可能であれば，バーチャルな筋収縮による力覚，例えば筋収縮を生じていないのにもかかわらず物を支えているような力覚などが生じうる。Takahashi ら[76]は手首の伸展筋の腱への電気刺激によって，腕が手の甲側から押される力覚が生じることを報告した。腱上での電気刺激では伸展筋の筋収縮および手首の姿勢の変化は生じず，かつその一方で筋収縮の情報のみが与えられるという状況は，手首の伸展を妨げる外力が存在しているという解釈が生じるためであるとしている[77]。また，上腕二頭筋の腱上の刺激により，肘関節の伸展方向への力覚が生じ，上腕二頭筋への刺激との比較で，筋刺激とは明らかに異なる機序により力覚が生起していることが示された[78]。VR への応用としては Kaneko ら[79]はその場の歩行の動きに対し，足への腱電気刺激によって踏み出す感覚を提示することを提案した。一方，Takahashi ら[80]は足首の腱に電気刺激を行うことで，地面の傾きや揺れを提示可能であることを示した。また Yem ら[81]は指の手の甲の腱の刺激

により指が屈曲するような力覚が生ずることを報告しており，VR上での粘り感の提示に応用した。また力の感覚ではなく，実際に腕の位置や速度が変化する感覚が腱上の刺激によって生じたとする報告もある[80),82)]

〔3〕　sense of force と sense of effort

ここまで腱への刺激によって運動錯覚や力錯覚といった自己受容感覚提示手法を紹介してきたが，これらは**力覚**（sense of force）に寄与することが報告されている。ただし，自己受容感覚的な力覚についてはその機序の議論が複雑となっている。

3.4.1項で述べたように中枢で生じる遠心性指令に由来する，sense of effort/heaviness（努力・労力の感覚，重さ知覚）と呼ばれるフィードフォワードの感覚も力覚の一部をなす。Gandevia et al.[83)]によれば，筋弛緩剤を打つことで腕が「重く」感じるようになる。これは予測情報とは異なって実際の腕が動かず，より高頻度の遠心性指令を出そうとすることによる。また腕の運動神経と感覚神経が麻酔された状態であっても運動感覚が生じたことから Sense of Effort は位置感覚にも寄与するとされる[84)]。

Carson et al. によれば逆に末端からのフィードバック情報はこの sense of effort には直接統合されず（すなわち人が感覚として得られずに），単に運動野の上層において sense of effort を入力として力覚を出力するシステムの関係を調整する役割をもつと示唆された[85)]。すなわち，中枢情報のみが感覚をなし，末端情報は反射などの非意識下の情報として用いられる[86)~88)]ことは認められていた一方，特に2000年代までは感覚としては意識に上らない[89),90)]と主張されることもあった。

しかし末端情報をなくした症例に関する文献[59)]のように近年は見直されてきている。最近の研究では末端である筋紡錘の情報が力覚に関わっていることを示した[91),92)]。微妙な重さの違いを識別する際に関節を動かして確かめることが多いことも，関節の位置や運動情報に関する筋紡錘が力覚に関連することを支持する。また3.4.3項〔2〕に挙げた腱上の刺激によって力覚が生じることを示唆する文献もこの説に基づくと考えられる。Monjo et al. は筋紡錘の

情報が sense of effort に関わっているとしつつ，既存の研究（末端の感覚が意識に上らない）と結果が異なる理由について sense of effort の計測方法によるものであり，計測方法によって末端情報が感覚として注目されるかどうかによるとした[93]。Roland et al. によれば，被験者にばねを押させる実験において，筋弛緩剤を注入した状態で重さを答えさせると通常時よりも力を入れる必要を感じるのに対し，ばねの硬さを答えさせると通常時と同様な結果が得られ，人は主観的にも実際に末端からの情報と中枢での予測情報の2つの力覚を分けて認識が可能であることが示唆された[94]。

3.5　味覚電気刺激

　本節では五感のうちの1つ，味覚にかかわる神経刺激に関して紹介する。味覚に関する研究はバーチャルリアリティ領域において嗅覚と並んで事例が少ない。これは視聴覚や触覚が物理的な刺激によるものであるのに対し，味覚や嗅覚は化学感覚であることにも起因していると考えられる。

　一方，電気刺激による味覚刺激提示そのものは長い歴史を有している。医学・生理学分野に限定されていた検証・活用が VR/HCI などの領域でも実施されるようになったのが10年ほど前からである。

　味覚電気刺激に対し，得られる呈味や機序等を医学・生理学分野での知見を踏まえて紹介するとともに，本領域における活用について解説する。

3.5.1　味覚の受容とおいしさ

〔1〕　味の受容

　味覚の受容や受容器の構造の詳細は，本書より味覚生理学に関する書籍を参照することを勧めたい。そのため，ここでは味覚電気刺激の理解の補助となるような項目のみの紹介を行う。

　人間において，味覚を受容する器官である**味蕾**は口腔内に存在する。人の口内と各種乳頭の形状を**図 3.16** に示す。味蕾の大きさは幅 40 ～ 50 μm，長さ

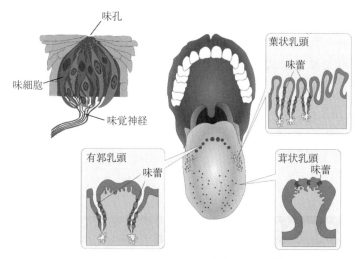

図3.16　人の口内と各種乳頭の形状[97)]

$60 \sim 80\ \mu\mathrm{m}$ の蕾型をしており，その中に味細胞が $30 \sim 70$ 個集合している。舌上には味蕾が約 5000 個あり，種類としては茸状乳頭，葉状乳頭，有郭乳頭があるが，それぞれ舌前方部，舌縁後部，舌根部に多く存在する。味蕾の配置は舌表面に集中しているが，一部は軟口蓋や咽頭，咽頭部にも 2500 個ほど存在する。また，個数は乳幼児期が最も多く，以降減少する[95)]。ちなみに，種によって味蕾の配置は異なる。例えばナマズ等は味蕾が体表全体にわたり分布しており，人間でいう視覚の役割を代替していると考えられている。これは泥などで濁った水の中での探索に適応したものである[96)]。

〔2〕　味覚とおいしさ

人における味およびおいしさは，味覚器からの情報だけでなく，各種感覚器や環境からの刺激の影響も受ける。**図3.17におけるおいしさの構造のモデル**を示す。このモデルにおいては，5 基本味として挙げられる甘味，酸味，塩味，苦味，旨味（うま）のほか，カプサイシンによる痛覚刺激から起こる辛味，タンニンによるたんぱく質の収斂作用（しゅうれん）による渋味も，広義には味の一種ととらえられる。

また，他感覚からの刺激も味に影響を与える[98)]。例えば嗅覚は，食前に外鼻孔から鼻腔内に入るオルソネーザル，咀嚼（そしゃく）中に後鼻孔から鼻腔内に入るレ

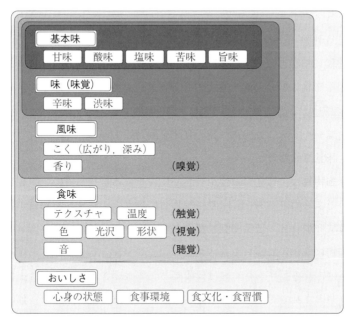

図 3.17 おいしさの構造のモデル[98]

トロネーザルがそれぞれ味覚と一緒に風味（フレーバー）を形成する。この効果の大きさは，風邪等で鼻づまりの際に食べ物の味が淡泊に感じることからも類推できるだろう。その他，視覚は摂食前の食品識別に活用されるだけでなく，記憶や認知に基づいた味のバーチャルな変化を与えることもできる。例えばかき氷等は，実際には味はほぼ同じだが，色と香料によってさまざまな風味を作り出している。そして聴覚においては，咀嚼音によって食材のテクスチャ感が左右されるほか，騒音下においては甘味や旨味が感じにくくなる傾向なども生じる。

　さらに，人においては誰と食べるか，どこで食べるかといった環境や，事前に得た情報の影響も受ける。

　また，伏木は人が感じるおいしさを4つに区分し，生物的必要性からくる「生理的欲求」，土地や歴史によって形成された「食文化」，身の回りから得られた「情報」，脳の報酬系を刺激するような「病みつき」があると述べてい

る[99]。

　味覚電気刺激がこのどこに属するかは以降の基礎研究とともに説明を行うが，味覚電気刺激に限らず，VR技術を用いた食事応用においておいしさに影響を与える味覚以外の要素も重要である。例えばMeta cookie[100]では視覚と嗅覚を変化させることで風味を制御し，Chewing Jockey[101]では噛んだ時の触感をコントロールすることで食べ物の食味を制御している。

〔**3**〕　**味覚修飾物質**

　味覚修飾物質は，味覚器に作用し食品に含まれる呈味物質の呈味を変化させることのできる物質である。味覚修飾物質には大きく**甘味抑制物質，甘味誘導物質，塩味抑制物質，苦味抑制物質**がある[102]。

　甘味抑制物質としては，ギムネマ酸，ジジフィン，ホタロシド，グルマリンなどが上げられる。ギムネマ酸は健康茶として販売されているギムネマ茶にもその成分が含まれており，ギムネマ茶を口に1分ほど含み，その後甘いものを摂取すると，10分程度は甘味がほぼ感じられないくらいにまで抑制される。これはギムネマ酸が口腔内の味覚受容体に強固に結合した結果，甘味物質との結合を阻害するためである。ジジフィンは，ギムネマ酸ほど高い抑制効果でないものの，30分程度甘味阻害効果があることが明らかになっている。

　甘味誘導物質は，他の味を甘味に変えてしまう物質で，ミラクルフルーツから採取されるミラクリンが有名である。ミラクリンは酸味を甘味として感じさせることができ，ミラクルフルーツの果肉を2-3分口に含むと，ミラクリンが味細胞表面膜の甘味受容部位に結合する。この時点では，甘味受容体が活性化する結合まで至らないため甘味が生じないが，酸味に含まれる水素イオンが口腔内を酸性にする影響でミラクリンが変化し，甘味受容体との結合が完成され，甘味を感じることができる。このミラクリンの他に，クルクリン，ネオクリンも甘味誘導物質である。

　アミラロイドは塩味を抑制または味質の変化を起こす。これは塩味の受容体である上皮性ナトリウムチャネル（ENaC）を阻害しNaイオンの輸送をブロックすることによるもので，結果塩味の抑制が起こる。その抑制に伴い，塩味が

実際は有している酸味・苦味受容体を刺激することにより味が感じられやすくなり，味質の変化へとつながる。

　苦味抑制物質であるホスファチジン酸を含有するリポタンパク質は，苦味だけを選択的に抑制する。これは，苦みを有する顆粒剤の表面コーティングなどにも用いられている。

3.5.2　味覚電気刺激の基礎

　味覚電気刺激（電気味覚）は舌や口腔などの味蕾が存在する箇所に電気刺激が提示された際に感じられる感覚である。この感覚の発見は非常に古く，1752年にSulzerが2種の異なる電極を舌に触れさせた際に味のようなものを感じると報告したのが元となっている。その後電池を発明したボルタなどによって追証が行われた[103]。以後これまでにその機序や性質が調査された他，医学，生理学分野では味覚検査にも用いられている。電気味覚検査は舌面に提示した電気刺激に対して味覚を感じられたか否かを被験者に回答させる検査で，各味が正常に感じられるかは計測できないが，刺激部位の細胞が機能しているか否かは確認できるものである。その電気味覚検査に用いられる**電気味覚計**は1958年の提案以後，複数の研究者がその臨床応用と改良を行ってきた。また，味細胞だけでなく神経系の機能を簡易的かつ定量的に評価できることから，神経系の麻痺や腫瘍における診断手法としても活用されている。

　この味覚電気刺激がVRやHCI分野で活用されるようになったのは2010年からで，味覚ディスプレイ技術としてだけでなく，福祉応用やエンタテインメント応用がなされている。特に，飲食物を介した電気刺激の提示による食事体験の修飾や，健康支援技術が中村ら[104]～[107]，櫻井ら[108],[109]，有賀ら[110]，Ranashingheら[111]によって行われている。

　味覚電気刺激を用いた味覚提示手法は，呈味制御のために新たに呈味物質（味を呈する化学物質）を口腔内に取り込む必要がない。飲食物を介して味覚変化を起こさせる手法も存在するが，味を変化させるにあたり，新たに専用の呈味物質等を必要としないということである。そのため，ダイエットや摂食制

限に対して非常に有用な方法であると見込まれている。また，味覚電気刺激による味覚提示は，即時性，可逆性に優れており，味覚の時間的な変化を与えることができるため，呈味物質を用いた味覚提示と比較すると味覚表現のダイナミックレンジが広い。

〔1〕 味覚電気刺激による味覚の提示と抑制

電気味覚によって提示される味覚的効果は刺激提示手法によって異なる。また，電気刺激とともに飲食物等他の化学物質が提示されているかの影響も受ける。ここでは，図3.18に示すような陽極のみが口腔内あるいはその近くに設置される「陽極刺激」，陰極のみが口腔内あるいはその近くに設置される「陰極刺激」，交流刺激やパルス刺激，両極の電極が口腔周辺に設置される「その他刺激」に分けて紹介する。

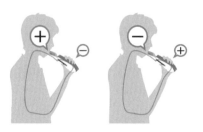

図3.18 陽極刺激と陰極刺激

（1）陽極刺激による効果   陽極刺激が口腔内に提示された場合，基本的には電気味，もしくは金属味と呼ばれる電気刺激特有の味が感じられると報告されている。これは，電気刺激が非特異的に味覚細胞または神経を刺激して起こると考えられる。そして，これら2味に続いて，酸味，塩味等も感じられると報告されている。

陽極刺激は，提示直後から停止時まで継続して感じられる。著者らの簡易的な評価では，5分間刺激を継続し続けても，順応することなく刺激を感じ続けることが可能である。

食品とともに提示した場合も，刺激時のみ陽極刺激の呈味が食品に加わる。刺激の出力が高いと金属味・電気味が強くなるが，酸味・塩味を有した食品の

場合，その酸味・塩味との相乗効果として，酸味・塩味が強くなる効果が得られる場合がある。塩味の増強効果の詳細は後述する。

（2）陽極刺激の機序　　陽極刺激によって起こる味覚提示効果の仕組みについては，現在以下の3説が有力とされている。最古の説はボルタによる追証明[88]で提唱されている，舌を通過する電流が直接的に味細胞を刺激するというものである。これを踏まえた同様の説として，Bujasが1971年に味細胞だけでなく求心性神経線維も刺激していると提唱している[112]。第二の説は，船越らによって提唱された，電気刺激の提示によって舌表面上のイオンが泳動する電気泳動強制結合説である。これは，陰極刺激の印加・停止による減衰・増強効果を説明できる説とも関連していると考えられる。第三の説は，柏柳らによって提唱された電位依存カルシウムチャネルへの刺激によって起こる脱分極とシナプス伝達によって起こるという説である[113]。

　これらの説のどれが味覚電気刺激の機序として妥当であるかは現在でも議論が続いており，Stevensらの論文の中では未確定であると述べられている[114]。そして，これらの説のうち1つのみが原因で反応が起こるのではなく，刺激手法や提示面積に応じてどれかに基づいた反応が起こるという見解もある。

　脇は1993年の考察の中で，第一の説は電気刺激と化学刺激は発生機序が異なるという前提での説で，第二・第三の説は化学刺激の機序と共通する点があることを支持する説と指摘したうえで，化学刺激がある程度特異的な神経線維の興奮を伴うことに対し，味覚電気刺激は非特異的な神経線維の興奮が起こるという指摘[115]を引用し，少なくとも3説が機序として考えられる上，触神経線維の興奮が一部含まれると推測している[116]。

（3）陽極刺激の味質　　味質の知覚しやすい陽極刺激が電気味覚計に用いられたことから，陽極刺激の味質や効果に関する報告が多い傾向がある。1971年に富山らが日本人における電気味覚知覚に関する評価を，彼らが作成した舌電気味覚計TN-01およびTR-01を用い実施している。この報告では標準閾値は8 µA程度で，年齢による閾値の上昇はあるものの，性別差や金属冠，喫煙等による差はないと述べられている。また，電気味覚計は通常陽極刺激を出力

するものが主であるため，その味質が調査されているが，金属味，塩味，酸味，苦味の順で感じられる被験者が多いことを報告している[117]。高橋らも 1979 年に電気味覚計 TR-01 の改良型 TR-05 を用いて日本人の電気味覚を調査している[118]。

　1936 年に亀井によって報告されたものは亀井当人による実験的調査によるものではあるが，その提示条件が多岐にわたっている。個々の細胞を鉛筆の芯を電極として刺激した結果や，銀線，亜鉛・硫酸亜鉛，亜鉛-硫酸亜鉛粘土電極使用時の陽極および陰極の味質も報告している。また，エチル塩酸キニーネ，塩化カリウム，硫酸マグネシウムを金属導子に少量塗布して刺激を加えた様子も報告している。さらに，食塩を含んだゼラチン凝固体の一方の面に半透膜越しに電極を設置し，別の面を舌面に接触させた味質を，金属電極とほぼ同じ味質であると報告している。加えて，水溶液（味の素溶液）中に銀線電極とガーゼを詰めたガラス管を挿入し，電極を手にもって舌にガーゼ束を触れさせて陽極・陰極を提示し味質の報告をしている。その他にも，コカイン麻酔時に味覚電気刺激が感じにくくなること，交流では振動感覚を有する場合があることも報告している[119]。

　（4）陰極刺激による効果　　陰極刺激のみが口腔内に提示された場合，弱い出力の際は陽極刺激のような金属味・電気味は生起されない。一方，電流値または電流密度が高い場合，苦味のような味覚に近い感覚や痛覚が生起される場合がある。

　飲食物とともに提示された場合は，飲食物に電解質が含まれるか否かでその効果が異なると思われる結果が報告されている。飲食物に電解質が含まれている場合，陰極刺激が印加された際にその電解質が有する味が弱まり，陰極刺激が停止されると元の味より強く感じられる。これが陰極刺激の印加と停止による**味覚の減衰効果**と**増強効果**となる。この効果は Hettinger らにより報告されたもので，塩味や苦味を有する溶液と陰極刺激を同時に提示した際に，刺激提示時に塩味が抑制され，提示後は提示中に比べ塩味を強く感じられたという心理実験結果と，ラットを用いた活動電位計測結果を報告している[120]。

減衰効果は陰極刺激が印加されている間中，増強効果は陰極刺激停止後の数秒程度となるが，印加と停止を交互に繰り返すことで，増強効果を維持させることもできる[109),121)]。

（5）　陰極刺激の機序　陰極刺激による味覚抑制効果・味覚増強効果の機序も，完全に解明されているとは言えないが，2つの説が考えられている。1つが電気刺激によって舌上の神経活動が阻害されるという説，もう1つが電気刺激によって呈味を有するイオンが泳動することで，舌周辺の呈味イオン濃度が変化するという説である。

Hettinger らによって報告された[120)]陰極刺激による味覚の抑制効果と増強効果は，塩味を有する溶液と陰極刺激を同時に提示した際に刺激提示時に塩味が抑制され，提示後には提示前・提示中と比較して塩味を強く感じるというものである。この結果を導出した心理実験において，Hettinger らは塩化 Na，酢酸 Na，硝酸 Na，サッカリン Na 水溶液等，複数の Na 塩水溶液を用いて陰極刺激による効果を検証している。このうち，サッカリン酸 Na 以外の水溶液に対して，陰極刺激による抑制効果が見られた。

上記の実験ではすべて Na 塩水溶液を用いたが，苦味を呈する味物質として電解質である塩化 Mg と非電解質であるカフェインを用いて陰極刺激による効果検証も行われており，塩化マグネシウムは味覚抑制効果が確認されたのに対し，カフェインでは味覚抑制効果が確認されなかった。さらに，旨味を呈する電解質であるグルタミン酸 Na では陰極刺激による味覚抑制効果が有効であることを示している[122)]。

上記の結果を鑑みると，味覚の抑制効果については第二の説，電気刺激による呈味イオンの泳動が重要なファクターであると考えられる。これは，電解質か非電解質かで抑制効果の有無に差があったことが理由である。

そして，陰極刺激による味覚増強効果についても，まだ未解明ではあるが，少なくとも2つの可能性が挙げられる。1つは，印加中の抑制効果と同じく，呈味を有するイオンの泳動によるものである。印加中に電気刺激によって電極周辺に集中していた呈味イオンが，刺激停止によって拡散する際に味覚受容体

に接触する確率が上がり，神経の発火頻度が高まることによって，増強したように感じられるというものである。2つ目の説は，陰極刺激によって味覚の神経系が呈味イオン濃度の低い状態に順応したため，刺激停止とともに呈味イオン濃度が急激に上昇したギャップで強く感じるというものである。

（6）　**陰極刺激における味質**　　陰極刺激による味質も調査されており，基本的に苦味に近い味やアルカリ系の味であると評される。加えて味質や機序で述べたとおり，陰極刺激は電解質を含む溶液と同時に提示した際に，刺激提示時に味の抑制，提示後に提示中・提示前に比べより強い強度の味を感じることがHettingerらによって報告されている。しかし，この味覚抑制効果が生ずる物質とそうでない物質が存在する。

　味覚抑制効果が有効である物質は，上述の研究から塩化Na，塩化Mg，グルタミン酸Na等がある。また，これら単体水溶液に限らず，混合物で言えば味の素が挙げられる。逆に味覚抑制効果が生じなかった物質として，甘味を呈するサッカリン酸Naでは味覚抑制効果が有効でないと報告されている。また，甘味の標準物質であるスクロース（ショ糖）でも味覚抑制効果は起こらない。

　味覚増強効果が有効であるとされる物質は，塩化Naや酢酸Na，硝酸Na等の他，グルタミン酸Na，予備実験的には塩化Mgにおいても起こる。また，混合物としては味の素[119]，混合固形物では中村らによって報告されている魚肉ソーセージ[104]などが挙げられる。

　これらの結果から，味覚抑制効果が有効な物質においては味覚増強効果も有効であると考えられる。また，味覚抑制の効果量は塩化Naが呈する塩味，グルタミン酸Naが呈する旨味は電流値が高い場合，提示時に被験者が感じる水溶液の味覚強度が低くなり，電流値によってはきわめて無味に近い味覚強度まで抑制されると報告されている。増強効果の強度は，青山らが塩化Naに対して定量的に評価している。この研究では，1.0 mAの陰極刺激を提示した際に，停止後の塩水の塩味が最大2%の塩化Na水溶液の呈する味強度まで増強されることが報告された[123]。また，増強効果の持続時間は約2秒程度である[121]。

（7）　**その他刺激による効果**　　Békésyは1964年にパルス波の周波数と振

幅を変化させた場合の味質の変化として甘味が誘発できたことを報告した他，甘味，酸味，塩味，苦味を感じられる周波数と振幅をグラフにまとめている。また，舌面上の 2 点をさまざまな味で刺激した際に生ずる味の増強・阻害に加え，提示できる味質のバリエーションが提示電極の面積に依存する可能性を示唆している。この報告によると，70 mm^2 電極では塩味・酸味・苦味の 3 種を刺激の調整によって提示できるが，3 mm 径電極では酸味・苦味のみ，0.3 mm 径電極では酸味のみと限定される [124]。1968 年には Helmbrecht が 20 mm^2 銀電極を用いて方形波を提示し，酸味・甘味，塩味，苦味に相当する味質が感じられたと報告している [125]。

〔2〕　味覚電気刺激の基礎研究

〔1〕では味覚電気刺激がもたらす効果とその機序に関して紹介した。しかし，そもそも電気刺激による味の変化は，味覚にカテゴライズされるのだろうか。味とおいしさに関して冒頭で説明したが，電気味覚がその中でどういう位置づけにあるかを検討することは，他の刺激と併用する際にも助けになるだろう。また，感じられる味以外にも，その特性を明らかにすることで，活用の可能性を検討できるだろう。

味覚電気刺激の基礎研究の中にも，電気味覚を舌が受容する各種刺激のどのカテゴリと類するかを評価した研究は存在する。まず，機序の説明でも述べたとおり，電気刺激は化学刺激による味と，触覚刺激から誘起される感覚その双方に類似点が見受けられる [116]。Bujas らも電気刺激が化学刺激か否かを議論するために，化学刺激によって誘起される味覚で起こる適応反応が味覚電気刺激においても起こるかを調査している [126]。

また，Cardello は化学刺激 9 種，電気刺激，触覚刺激を茸状乳頭の 1 単一味蕾に提示し味質の評価と比較を行っている。結果，化学刺激がもたらす味質は触覚刺激や電気刺激より複雑であるものの，苦味と酸味，塩味と酸味の間に混乱が起こりやすい傾向にあることを報告している。また，触覚刺激・電気刺激は酸味や塩味に比べ苦味や甘味が弱く感じられること，塩味の応答は電気刺激のほうが触覚刺激よりも効果的であることを報告している [127]。

　麻酔による味覚の阻害現象も刺激受容の仕組みを評価するために活用されている。対象の細胞の活動を麻酔で阻害できることがわかっていて，麻酔を与えて提示刺激から得られるはずの味覚変化が得られなかった場合，阻害された細胞が提示刺激の受容に関与していることが推測できるからである。化学味覚との類似姓を比較するにあたり，味細胞を麻痺させた場合に味覚電気刺激が感じられるかと，味覚電気刺激によって反応が起こる細胞がほかのどのような成分に反応するかが調査されている。

　二宮らは1989年にラットの神経をプロカイン麻酔した状態で，4種の化学刺激と電気刺激（陽極），温冷刺激を提示しその際の味覚応答を調べている[128]。味覚応答を調べるタイミングは麻酔前，麻酔直後，麻酔30分後の3回で，電気刺激のみプロカイン麻酔直後の応答が抑制されると報告している。これによって，味細胞のうちプロカイン麻酔で麻痺が生ずる細胞が味覚電気刺激の受容に関わっていることが示されている。また，これら調査から，陽極刺激がもたらす鼓索神経応答は味細胞を通じて発生するもので，すなわち味覚電気刺激の少なくとも一部は化学味覚刺激と同様の受容プロセスをとる可能性が示されている。

　味の受容における嗅覚の影響，特にオルソネーザル・レトロネーザルに関しても，レトロネーザルは金属味を有する化学成分で感じられるとの報告があることから，味覚電気刺激と比較もされている。Lawlessらは2005年に触覚刺激・電気刺激・化学刺激それぞれで感じられる金属味について鼻の開閉の影響を調査しており，$FeSO_4$ による化学刺激由来の金属味は鼻の開閉の影響を受けるが，味覚電気刺激の場合影響を受けないと報告している[129]。

　ヒトを対象とした電気味覚の評価は，基本的に主観的回答・反応をベースとしたものとなっている。それに対し，神経への電気生理学的判定はラットやハムスター等実験動物を用いて実施されている。1985年にはHernessがラットにおける陰極刺激停止時の味覚応答について調査している。この調査では陰極刺激停止時の応答レスポンスが飽和応答レベルまで上昇したことが報告されて

いる[130]。2009年のHettingerによる陰極刺激による味覚抑制・増強効果の報告でも人間への心理学的実験とともに実験動物を用いた活動電位計測が行われており，塩水を与えた実験動物の塩味受容の活動電位が刺激提示時は塩水提示前の電位まで下がり，刺激停止時に塩味提示時より大きい電位変化を起こすことが報告されている[130]。

これら報告を踏まえると，味覚電気刺激，特に陽極刺激は基本味と同等とは言えないが，温冷刺激や痛覚等から生ずる辛味等とは同等な立ち位置にあると考えられる。基本味と同等と言えないのは，味細胞への非特異的な刺激が起こることと，触覚刺激も混在することが大きい。

ただし，陰極刺激の味覚抑制・増強効果は，上記の立ち位置とさらに異なるように考えられる。味覚抑制・増強効果は，口腔内にある呈味物質の移動によって起こるという説から考えると，その効果で起こる味の変化は，味を構成する呈味物質によって起こるものである。そのため，基本味の活動を制御する手法であるともいえる。この点は，受容体を制御し，味の受容を変容させる味覚修飾物質に近い存在と言えるかもしれない。

味質以外の特性も調査の対象となっている。Helmbrechtは味質の種類に関わらず，感覚量と刺激量の感覚がStevensのべき法則に従うこと，その指数の値が電気味覚と化学感覚では非常に近い値であることを報告している[125]。その後のFønsらの調査で，Weber-Fechnerの法則がおおよそ成立するという検証が行われたため[131]，現在実用化されている電気味覚計ではデシベル尺度が用いられている[117]。

味刺激を提示してからその味を感じるまでの時間は味覚反応時間と称される。山本らは電気味覚計を用いた味覚反応時間の調査を実施している。報告では，4.2-406 μA 直流陽極刺激を1.5 s提示したときの反応時間（T）は，電流の大きさ（I）を刺激の大きさにした際に，$T=a+b/I$となり，これは化学刺激の場合（$T=a+b/C$，Cは刺激強度）と同様であると報告している[132]。

3.5.3　味覚電気刺激の応用

〔1〕　医療機器としての応用：電気味覚計

　これまでにも述べてきたとおり，味覚電気刺激は医学・生理学分野では電気味覚検査で活用が進んでいる。電気味覚検査は口腔内に提示した電気的刺激を感じられたか否かを被験者に回答させる検査で，定量的な計測を簡易に行えるのが利点である。また，左右差の調査が行える他，舌に存在する神経の状態確認の一手法ともなっており，顔面麻痺や聴神経腫瘍等の疾病における病状判断，予後判定に用いられている。しかし，味質毎の評価はできず，甘味を苦味と感じてしまうような錯味症の判断等はできない。

　電気味覚検査，およびその検査機器となる電気味覚計は，1958 年に Krarupによって提案されたのが端緒となる [133]。Krarup の電気味覚計は直流陽極刺激を提示刺激として用いている。また，出力確認は対数目盛で行う。刺激導子（口腔内に刺激する側）はステンレススチール，不感導子は布片を食塩水で濡らし手に固定させている。

　以後，電気味覚検査は簡易かつ迅速に実施可能な味覚検査手法として注目を集め，臨床応用の報告も続く。それとともに，Feldmann [134]らや Harbert [135]ら，Pulec [136]ら，Bull [137]によって電気味覚計そのものの改良も行われた。この過程で，端子の形状や出力刺激の確認手法等がさまざま提案されている。そして1968 年以降，冨田が開発した TR および TN 型装置は改良が進み，少なくとも国内ではそれらの最新型 TR-06 シリーズが医療分野で用いられている [138]。このシリーズでは提示強度は 4-400 μA が適するという知見を元に 3-320 μA が対応づけられ，出力表示は 8 μA を 0 dB とした 4 dB 間隔となっている。

　その他にも，1979 年にローコスト・ポケットサイズ・電池駆動の可搬型電気味覚装置を Lucarelli ら [139]が開発，2000 年にコンピュータ制御による電気味覚検査の自動化手法を Stillman らが検討した [140]。

　これら電気味覚計はおもに簡易味覚検査に用いられるが，疾病・障害の状況調査，予後判断への活用も検討された。1968 年に三吉らは臨床味覚検査法の1 つとしての電気味覚検査に言及しており [141]，柳原らも鼓索神経部位の手術

前の検査，顔面麻痺の部位判断と予後判定，聴神経腫瘍の判断に活用できると述べている[142]。また，冨田らも電気味覚計改良に関する報告の中で，顔面神経麻痺に対する診断，聴神経腫瘍の診断，Bell 麻痺の臨床的調査に用いることができると報告している[143]。

〔2〕 食メディア，VR/AR 技術としての応用

それまで医療・生理学分野で活用されてきた味覚電気刺激は，2010 年から VR・HCI 分野でも活用されるようになる。味覚電気刺激による味覚操作は，化学物質を口腔内に追加することなく味覚を操作することが可能であり，即時応答性，味の可逆性にも長けている。また，電気味覚単体を用いて他の呈味物質を用いない仮想的な味の提示や，飲食物のもつ呈味を制御し抑制したり増強したりする拡張的な味の制御ができる点も利点である。これらのメリットから，メディアとしての味覚の配信や，福祉・美容分野での摂食制限の補助インタフェース等の応用も検討されている。

特に，食事の際に利用したり，食に関するメディア技術として味覚電気刺激を応用したりする場合は，刺激の印加手法が重要となる。ここでは，既存の各刺激装置や刺激電極の設置手法に着目して紹介する。

刺激の印加手法は，現在は直接に舌に当てる手法，食器型装置，口腔外設置型装置が主流となる。それぞれにおいて利点・欠点に触れつつ紹介する。

（1）舌へ直接的に設置する手法　　味受容体や神経は口腔内に広く分布しているが，その密度が最も高いのは舌表面である。このため，電気味覚計と同じく，舌表面に電極を当て，直接刺激する手法は味覚の提示としては非常に効率がよいとも考えられる。

Ranashinghe らの提案した刺激手法では，舌を金属電極で挟みこみ，舌の表面と裏面に電気刺激を印加している[111]。また，舌に直接金属が触れているという点を生かし，温冷刺激を併用した刺激を構築している。その一方で，この手法は陽極も陰極も舌面に接触しているため，陽極刺激と陰極刺激を分けることが困難となる。具体的には，極性を変えて刺激したとしても，常に陽極刺激の効果が生じるということであり，この手法は陰極刺激の提示においては不利

といえる。

（**2**）**食器一体型装置**　　食器は基本的にわれわれの食事の中で用いられる。フォーク・スプーン，箸，コップ，ストロー等さまざまな種類や文化による使用の差もあるが，人にとって食器は口腔内に違和感なく含むことができ，食事行動において欠かせない。このような食器の特性を生かして，食器を電極として利用したり，電気刺激装置を食器内に内蔵したりするというアプローチも取られている。

飲料を対象とした**食器一体型装置**は，カップやスープカップ，グラスなど飲料を飲む食器を模している。中村ら[104)~107)]，や櫻井ら[108),109)]はストローを用いてコップ内の水溶液を口腔内に吸い込む状況を想定し，コップあるいはストローに電極を設置する装置を提案している。これらの手法では，食器を電極として用いるが，舌表面への電気刺激の伝達は水溶液を介して行われる。この手法は先にも述べたとおり，ストローによる吸引という食事的所作が口腔内に電気刺激を提示するための準備となるので，使用者にとっては電極の設置といった余分な動作なく使用できるのが利点である。その代わり，ストローで吸引する液体のみに有効となってしまい，また高温の場合にも用いにくい。

この欠点を解消するために，カップ内に電極を配置する手法が挙げられる。中村らがスウェーデンのビール会社 S:t Eriks と代理店 Abby Priest とのコラボレーションで行ったビール用グラス[144)]は，グラス底部に電極を配置したデザインであり，グラスを傾ける角度やグラス内の飲料の量によっては電極と液体が触れなくなるため，より上部まで電極を配置する等の改良も求められる。

また，先に舌を電極で挟みこむ型の装置を提案した Ranashinghe らも，カップ型の装置を提案している。この装置は飲料を介して電気刺激を伝えるのではなく，装置外側に設置された電極から電気刺激を与えつつ装置内の飲料をのむという形式をとっている。この装置では電気刺激のほかに，色，香り等も提示可能となっている[145)]。

固体の食品への電気刺激印加を行うためにつくられた中村らの電気味覚フォーク[104),105)]は，フォークの金属部を片方の電極として用い，持ち手にもう

片方の電極を用意している。改良が重ねられた結果柄の部分に電源や回路が格納されるかたちとなり，比較的ユーザフレンドリーなデザインになった他，陽極刺激と陰極刺激を使い分けられる構造となっている。電気味覚フォークに関しては，フォークをデバイスとした味覚電気刺激提示実験が各種行われた他，社会実装イベントとして，電気味覚を無塩料理に付加して飲食を行う食事会「No Salt Restaurant」[146]が行われた（使用フォークのプロダクト実用化はジェイ・ウォルター・トンプソン・ジャパン，aircord が担当）。

　また，米国ニューヨークの Food Booster がクラウドファンディングで出資を募った SpoonTEK は，スプーン型のデバイスとして実装されている[147]。その他，食器形状ではないが，鍛冶らはバナナなど手づかみで食べる食べ物のための手袋型のデバイスを提案している[148]。

（**3**）　**口腔外設置型装置**　　食器一体型の装置は，電極の設置に煩わされることがなく，食事行為に付随した装置設計ができる面は利点であった。しかし，食器一体型装置にも欠点として，口腔内に食器が接していなければ刺激による味覚操作ができない点がある。実際の食事シーンを考えた際，食器が口腔内から離れても，口腔内に含まれた食品の咀嚼，嚥下という動作は継続しているので，それらの動作の間まで味覚を操作し続けることが困難となる。

　この欠点を補い得る手法として，青山らによって提案されたのが**図 3.19** に示す**口腔外設置型刺激手法**である。青山らは顎部と首後ろに電極を設置して電気刺激を行うことで，口腔内に電極を設置しなくても味覚の提示や，陰極刺激による塩味 Na 水溶液の呈する塩味の抑制と増強を行えることを示している。

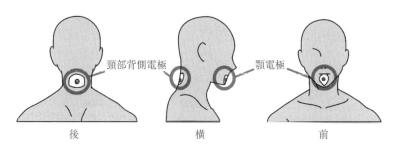

図 3.19　口腔外設置型刺激手法における刺激位置の例：顎部電気刺激手法

この手法では，口腔外の皮膚上からの電気刺激でも，皮膚，口腔内壁，水溶液や唾液を通して舌表面に電流を流し，結果，食器一体型装置と同様に舌表面に電位差を生み出せていると考えられる[149]。

　青山らの報告では，顎部への口腔外設置型刺激は，ストロー電極利用時と比較すると味覚抑制・増強効果はやや劣るとされている。また，皮膚上に電極を設置・固定しなければならないという煩わしさは食器一体型装置と比較すると欠点であるとも考えられる。

　一方，口腔外設置型刺激手法は，食器一体型装置や直接接触型では不可能ともいえる多様な電流経路の確保が行える，それによってこれまでの装置ではなしえない味覚提示が可能であるメリットがある。第一の例は，喉奥への局所的な味覚提示で，青山らは顎部ではなく，**図3.20**左のように下顎部に陽極を設置すると口腔内ではなく喉の奥に味覚が生起されることを報告している[149]。図（a），（b）のように先端に電極（フォーク）を当てた場合，味覚生起位置（濃灰円で囲われた範囲）は舌上に分布しているが，図（c），（d）のように下顎部電気刺激手法の場合は喉奥に分布している。この刺激は従来困難だったのど越しなどの表現ができる可能性も秘めており，上野らは口腔内提示と喉奥

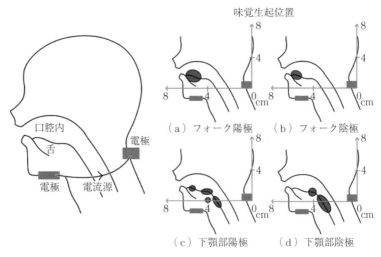

図3.20　下顎部電気刺激手法と味覚生起位置[149]

提示の時系列変化に対して検討を行っている[150]。

　さらに，第2の例として，**図3.21**に示すように中村らは舌上の特定位置に味覚を生起させる手法をこの口腔外設置型装置を用いて提案した。この提案では，顎部（図3.21内E1），下顎部（図3.21内E7）のほかに左右の頬（図3.21内E2，E6），左右の耳下（図3.21内E3，E5）に電極を配置し，頭部の電流経路および電位差のシミュレーションと心理実験から，左頬に陽極刺激がある時には舌の左側に一番強く味覚を感じる領域が発生し，右頬だと右側，顎部だと舌尖，というように陽極の配置に合わせて最も強く感じる領域が変化することを報告した[151]。

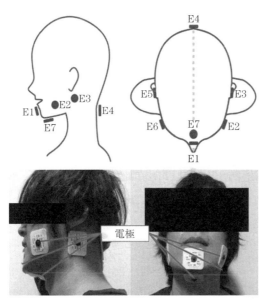

図3.21　口腔外設置型手法による味覚生起位置の空間的制御[151]

〔**3**〕　**食味や食事体験のデザイン**

　味覚電気刺激を食にまつわるVR技術として応用するうえで，インタフェースのデザインとともに提示する味のデザインや体験のデザインも求められる。

　まず，味のデザインにおいて，電気刺激において操作可能なパラメータは電流強度（電流値），電流印加時間，極性，周波数等が挙げられる。味覚電気刺

激においてはこれらパラメータの制御で味覚操作の効果量や持続時間，味質などの操作が試みられている。一部はすでに先行の医学・心理学事例でも紹介しているが，ここでは特に VR・HCI 分野で行われてきた試みを紹介する。

　Ranashinghe らは，電極を直接舌表裏に接触させる刺激装置において，電気刺激の周波数により惹起される味質が異なることを示している[111]。Békésy の例[124]はパルス幅と周波数だったが，Ranashinghe らは電流値と周波数で効果を検証し，電流値約 20-50 μA，周波数約 20-550 Hz においては，被験者が塩味を感じ，電流値約 40-120 μA，周波数 400-1 000 Hz においては苦味を，電流値約 80-120 μA，周波数 500-750 Hz では甘味，それ以外の刺激では基本的に酸味を感じることを示している。この手法は現状，電気刺激のみで電気味以外の味質を提示できる唯一の手法ではあるが，実用化のレベルには至っていない。一方，彼らは温度感覚や嗅覚，視覚等によるクロスモーダル効果を用いた総合的な味覚制御手法として，味覚電気刺激を用いたデバイスも提案している[145]。また，宮下は5基本味を呈する電解質をそれぞれ溶解した寒天をチューブに入れて束ね，電気刺激を印加してゲル内部のイオンを泳動させ味を変化させる Norimaki Synthesizer を提案している[152]。

　陰極刺激による味覚増強効果は食べ物の味を増強できるため，薄い味付けの食事を濃い味の食事であるかのように楽しめるといった期待がなされている。そのため，摂食制限のサポート，食における健康面と満足度の両立をはかるインタフェースとして，福祉や美容の分野から応用が期待されている。

　しかしながら，増強効果の持続時間は2秒程度で，食事を通して味覚を増強し続けるのは難しい。これに対して，櫻井ら[109]は連続矩形波刺激を利用し継続的な味覚増強が可能な手法を提案している（**図 3.22**）。櫻井らの報告では，塩化Na水溶液についてストローを用いた食器一体型刺激手法で刺激する際に，10-20 Hz の断続的陰極刺激を印加することで1分を超える味覚増強効果の維持が可能であることが述べられている。

　3.5.1 項で紹介した味覚修飾物質を用いた例として，鍛冶らはミラクリンによる酸味の甘味化を活用した電気刺激による甘味制御手法を提案している。ミ

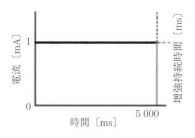 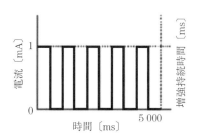

図 3.22　単発矩形波刺激と連続矩形波刺激[109]

ラクリンによって呈味が甘味へと変化させられるクエン酸（酸味物質）は電解質であるため，陰極刺激によって抑制・増強が可能であり，結果甘味の制御が可能となっている[153]。

　次に，体験のデザインとして，中村らは食器一体型装置によって人体が回路の一部となることに着目し，一人で食べるのでなく，他人に食べさせる行為によって味を変化させる手法を提案している[154]。装置を片方の利用者が持ち，もう一方の利用者に食べさせ，その際に手を繋ぐなど皮膚の接触が起こることで，食べさせられた側に味の変化を感じさせることができる。

　また，味覚情報を他者に伝達・配信する技術への応用も図られている。中村らはディジタルにおける音情報がスピーカーで振動へと置き換えられる前まで電気的情報として扱われることに着目し，音情報の配信プラットフォームを味覚情報の配信環境として利用できる可能性を提唱した[155]。また，先に述べた Norimaki Synthesizer では味をシンセサイザーのように調整し，それを配信する手法にも触れている。

　さらには，味覚電気刺激装置において必須である電力の確保を咀嚼によって得る提案も大場らによって行われている。装置は圧電素子の咬合によって発電するもので，現状は発生した電気刺激をそのまま口腔内に提示しているため複雑な味の提示や制御はできないが，利用者がかみ続けている間は味が同程度の強度で続くという点においては食品等では実現しがたい体験であるといえる[156]。

　そして，他の手法では実現が難しい味覚提示のデザインとして，先に述べた空間味覚制御手法が挙げられる[151]。これは通常の味覚提示技術では難しい舌

の一部への味覚提示とその移動を制御できるものであり，新たな食体験への活用の可能性も秘めているだろう。

3.6　前庭電気刺激

3.6.1　前庭電気刺激の概要

前庭電気刺激（**GVS**, galvanic vestibular stimulation）とは，ユーザの頭部への経皮電極を介した弱電流の印加（～ 数mA。皮膚への刺激はほとんどない）によって**前庭感覚**を刺激する手法を指す。その起源はボヘミアの生理学者 Johann Purkyne が 1820 年に発表した論文の中で，頭部に流れる電流が**平衡感覚**を狂わせるとした報告にまで遡る[157]。その後，普仏戦争中に軍医として実験を始めた Eduard Hitzi は，犬や人間の脳に電流を流した結果，眼振が生じたことを指摘しており[158]，動物実験において電気刺激と器質的切除を組み合わせて，これらの現象の前庭起源を最終的に証明したのは Josef Breuer である[159]。

GVS の技術は非常にシンプルであり，電極は耳の中ではなく乳様突起の上に置くのが一般的である。刺激は電流値で制御され，印加電流は 1 mA 程度が代表的であるため，十分な皮膚処理によって電極間抵抗を下げることができれば，原理的には印加電源の電圧は 6 V もあれば十分である。

刺激は，片方の耳の後ろの乳様突起にアノード電極を，もう片方の耳の後ろにカソード電極を配置して行うのが一般的である（**図 3.23**）。電極間に微小電流を 1 ～ 2 秒流すと，被験者が立っていれば体が揺れ，立っていなければ自身が動いたかのような錯覚を生じる。GVS が作り出す頭部へのバーチャルな運動感覚は，全身の運動制御に強い影響を与え，反射的な筋電図の反応や，全身の反射を伴う高度に組織化されたバランス応答を呼び起こす。しかし，これらの反応はシンプルな反射の組合せだけに限らず，目の前の課題，体のバランスや向き，その他すべての感覚源からの情報に非常に敏感に関連したものになる[160]。

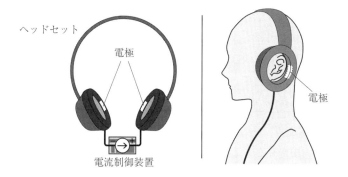

図 3.23　前庭電気刺激の概要

　GVS は他の入力刺激とは独立に前庭にのみバーチャルな刺激を与える点に
おいて，こうした複雑な平衡系の動作を還元的に明らかにするための強力な手
段となりえる。

　電極配置の他の構成としては，両耳に同じ極性の電極と離れたところに基準
電極を置いた両側モノポーラ GVS や，片耳だけに刺激電極を置いた片側モノ
ポーラ GVS などがある。現象の再現性と安定性に優れるバイポーラ刺激に対
して，モノポーラ刺激は左右前庭からの反射応答を反射経路ごとに弁別する目
的で用いられてきた。1 つには GVS を前庭の生理機能検査として臨床応用で
先行する caloric test[161]で指標とされる温・冷水刺激と眼球運動（前庭動眼反
射，VOR，vestibulo-ocular reflex）との対応を対比するための整理であり[186]，
もう 1 つは，起立反射系への筋応答の対応関係を左右の骨格筋で独立に計測す
るために行われている。頸部では胸鎖乳突筋，下肢ではヒラメ筋の応答が代表
的である[162]。

　なお，平衡感覚器としての前庭器官への電気刺激の手法，その分類において
GVS とは特に直流もしくは低周波数の刺激を指すもので，逆に侵襲的なイン
プラントなどによる電気刺激では数百 pps 以上の高周波数の交流刺激を用いて
おり，これはより広義な用語として **EVS**（electrical vestibular stimulation）に
分類される[163]。侵襲性インプラント EVS の場合には，局所的に挿入された複
数のバイポーラ電極による交流刺激波形の包絡振幅制御によって 3 自由度の眼

球運動誘導に相当する刺激の再現が確認されている[164),165),185)]。これに対して GVS の特徴は，直流電流の極性と電流量に比例した主観応答・身体応答が観察される点にあり，両者の作用機序の隔たりはその印加電流の時間パターンの隔たりからも明らかである。

前庭感覚への GVS の作用機序については，おもに**耳石**由来であるか**半規管**由来であるかについては，組織片や動物実験，外科的なインプラント刺激などとの対比から諸説が存在する。しかしながら，外耳道への冷水や温水の注入による caloric test が半規管のリンパ液に対流をもたらすことで継続的な回転としての知覚印象を生じさせるのに対し，両耳間の GVS による回転印象は電流印加に対して時間過渡的で継続性に欠ける傾向があるため，Fitzpatrick らの唱える半規管作用説には筆者は懐疑的である。むしろ起立反射による姿勢の傾斜応答量と電流印加量との再現性が高いことから，その作用対象は半規管よりもおもに耳石への刺激効果に強く対応しているものと考えられる。

3.6.2　GVS がもたらす平衡感覚の神経支配

多くの末梢で発生した感覚信号が大脳皮質の一次体性感覚野へ伝わるように，各種の感覚は対応する大脳皮質領域をもつと考えられている。したがって，そのうち前庭器官に対応する大脳皮質領域は**前庭皮質**（vestibular cortex）と呼ばれることになるわけであり，この名称は前庭からの入力を受ける大脳皮質領域の総称として扱われる[166)]。

ここで総称とするのはその部位が多岐にわたるためである。この性質のためもあり，歴史的には前庭皮質の存在に疑問がついていた。

半規管（角速度）と耳石（加速度）から検出される前庭の信号は，最初に脳幹を経由して姿勢・歩行・視線を制御しており[167)]，この結合過程ですでに信号間に強いインタラクションを生じているため電気生理的には単離された信号として検出しがたく，これらの成分分離はその後の投射先となる複数の大脳皮質領野において統合・再構築されるものと考えられている。しかし記憶や学習といったより高次の機能にも前庭からの情報が利用されており，前庭の情報は

空間的に離れた複数の大脳皮質領域へ伝達されていることが明らかになっている[167]。前庭からの情報はまず脳幹神経核群へ伝わり，さらに視床の広い領域へ伝わる。大脳皮質では中心後溝（postcentral sulcus）から頭頂間溝（IPS, intra-parietal sulcus）にわたる 2 v 野，中心溝の底部である 3 av 野，シルビウス裂とその周囲皮質などが前庭情報を受け取る[166),167]。特にシルビウス裂の中心 ～ 後部にわたる領域は前庭刺激に対する非常にロバストな応答を見せることから，ヒトでは頭頂葉-島前庭性皮質（PIVC, parieto-insular vestibular cortex）と呼ばれる[167]。

　自己運動に関わる知覚解釈を前庭感覚からの情報なしに合理的に構築することは数理的にも不可能であるため，この帰結は妥当である。同時に，視覚野や触覚野のようにその感覚を単一の感覚モダリティとして処理・表象化している大脳皮質上の独立な低次領野をもたず，他の感覚との連合野に並列に投射されている構造からも，平衡感覚は直接の一次知覚をもたずに他の感覚・運動応答と直接的に意識下で統合されており，それらの結果からの二次的知覚として意識の表象に捉えられるものである可能性が高い。GVS による平衡感覚への刺激については身体応答の再現性の高さに比して，主観的な知覚応答において身体姿勢や他のモダリティの有無に左右されやすい性質はこれらに起因するものと考えられる。

　この知見は，慣性航法系としてのジャイロと加速度センサの信号処理が，センサ単体での信号処理としては困難を極め，異なるセンサ群からのマルチモーダルな統合による相互補償処理によって初めて実用性を獲得した技術史と符合する点でも興味深い。

3.6.3　GVS がもたらす加速度知覚と身体応答

　最も代表的な GVS への応答としてロンベルグ立位時に両耳間に GVS を印加した際の応答の模式図を図 3.24 に示す。起立時に両耳間に GVS を印加した際に対する主観応答として最も素朴な回答は「陽極側に引っ張られたように感じる」というものである。ただしこれを純粋な加速度の一次知覚である，と捉え

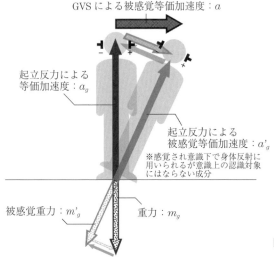

GVSによる被感覚等価加速度：a

起立反力による
等価加速度：a_g

起立反力による
被感覚等価加速度：a'_g
※感覚され意識下で身体反射に
用いられるが意識上の認識対象
にはならない成分

被感覚重力：m'_g 重力：m_g

図3.24 ロンベルグ立位時に
両耳間GVSを印加した際の
身体応答解釈[183]

GVS効果力：f

ることは早計である。

　アインシュタインの一般相対性理論の原点には「重力のもとで静止している状態とは，1Gの加速度で上方に加速し続けているエレベーターに乗っている状態と等価である」という等価原理がある。これは慣性系と観測者の問題を記述したものであると同時に，物理パラメータと主観的な知覚の言語表現の差異の問題を端的に指摘したものでもある。ここでは慣性力を捉える前庭器官もまた観測者なのであり，重力のもとで静止している状態とは慣性系ではないことを思い出していただきたい。

　感覚器としての耳石器が捉えている信号は身体の加速度運動に対する慣性力であり，その力の逆方向のベクトルとして加速度が知覚される。この場合，前述の重力下で起立しているヒトの耳石には重力方向への力が生じており，「上方向への1Gの加速度（図3.24，a_g）」を知覚することになるはずである。しかしこの状態は通念上「静止状態」であり「加速度はゼロである」と認識される。

　こうした「意識下で（重力という）定常的な感覚刺激を透明化する」という

順応によって感覚器の信号と知覚結果の間に差異が生じることは知覚一般にみられる過程である。実際，こうした機能がなければヒトは視野内に網膜の血管像を眺め続けることにもなる。結果として起立時の重力は前庭の感覚器では正確に捉えられて意識下での身体制御には活用されていながら，その定常成分は意識下で順応的に処理されて意識上の知覚には上ってこない。このため，本節冒頭に述べた応答は純粋な加速度の一次知覚というよりは，「起立反射の意識下動作によって陽極側に傾いて立った」ことを「外力によってそちらに動かされた」と解釈した二次的な知覚応答であると捉えるべきである。

　この際に加速度を捉える感覚器としての耳石は陰極側向きの力を捉えていることになり，感覚器は重力による下方への力と陰極側への力の錯覚を捉えることになり，この合力方向への慣性力を捉えているものと錯覚する。この時，この合力ベクトル f と反対向きの等価加速度方向（図 3.24, a）に向かって起立反射の身体制御が生じることで，身体は陽極側に傾く応答をするのである。意識下の身体応答ではこの感覚入力によってもたらされる等価的な上向き加速度ベクトル a'_g に沿うように起立する身体制御を継続していることになる。順応量の外の信号として起立反射直前の平衡感覚は GVS の効果を側方への加速度感覚（図 3.24, a）として知覚するものの，傾斜後にはこの加速度成分は重力の側方成分と相殺されるため，自己運動感覚としての解釈は平衡感覚単体では継続しない。

3.6.4　電流刺激と前庭器官

〔1〕　前庭器官：半規管と耳石器官

　前庭には角速度を受容する三半規管と直線加速度を受容する耳石器（球形嚢，卵形嚢）がある。半規管は内リンパに対して，耳石器（otoliths）は耳石に対して，有毛細胞（hair cell）を感覚細胞として，自己運動や重力によってそれらに生じた慣性力を捉えることで平衡感覚信号を形成している。この有毛細胞の動毛が倒れることで，過分極や脱分極と呼ばれる電位の変化を見せる。その電位変化に伴い，接続する神経のスパイクが自発的なスパイク頻度と比較

して増減することで，中枢へと信号が伝わる。有毛細胞の感覚毛はゼラチン質からなるクプラ（cupula）や耳石膜によって包みこまれており，これらのゼラチン質の変形として慣性力を捉えている（**図3.25**）。

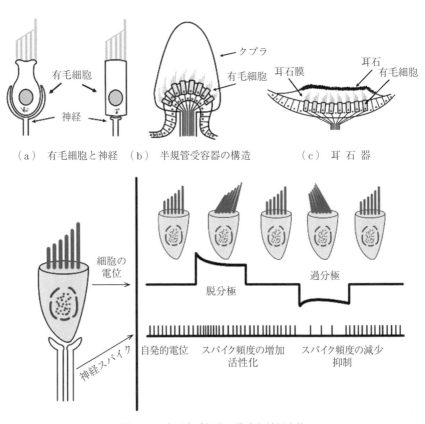

（a）有毛細胞と神経　（b）半規管受容器の構造　　　（c）耳石器

図3.25　内耳有毛細胞の構成と神経応答

　末梢感覚器への電気刺激とその応答に見られる傾向として，視細胞と視神経の関係がそうであるように，物理刺激に応答して膜電位を連続的に変化させる感覚細胞とこの応答を捉えて神経インパルス頻度に変換する伝達神経細胞との結合部を貫通する電流フラックス密度に対して選択的に応答してバーチャルな感覚刺激を生じているように見受けられる。GVSの作動機序もまた同様であるならば，感覚器官と電流経路の空間配置の理解が重要になってくる。

〔2〕　前庭器官の空間配置

　電気刺激の実体は身体を貫通する電流と経路上の感覚細胞との相互作用であり，刺激の効果はその経路上での作用として捉える必要がある。GVS のように経皮電極を経由して印加される数十 Hz 以下の低周波領域の電流にとっては，主たる電流経路となる低インピーダンス部位は体液を含む湿潤組織であり，骨組織はおおむね絶縁体として機能する。この場合，電気刺激において頭部は，皮下の湿潤組織の中に少数の穴の空いた絶縁球殻としての頭蓋骨が存在する構造となるため，電流はこの開口部を通ることになる。

　前庭器官の空間配置を**図 3.26** に示す。まず，半規管と耳石器の空間配置について確認する。内耳は側頭骨の中にある迷路と称される空洞の中に位置する。電気的に見れば絶縁性の高い側頭骨に阻まれ，**側頭骨錐体尖**周辺の開口部は

1.　外耳孔（蝸牛窓/前庭窓）
2.　内耳孔
3.　前庭水管外口/蝸牛小管外口
4.　茎乳突孔

等と限られている。GVS のような直流の電流経路は側頭骨におけるこれらの開口部をつなぐ形の電流経路をたどるものと考えられる。例えば，外側の経皮電極から 1 の経路を辿って前庭に到達した電流は，2 の経路を通って脳室内へ抜けた後，反対側の 2 へと抜ける経路を構成するものと想定される。

〔3〕　前庭刺激電流経路の仮説

　一般に，経皮的な両耳電極間の導通抵抗は，例えば脳波計測時と同様の電極処理において皮膚の清拭と角質除去処理を丁寧に行えば数 kΩ 程度まで低減できる。電気刺激による皮膚の痛覚刺激は電流密度の集中によるものであるので，粘着性が高く面積の広いゲル電極によって構成された電気刺激用電極を用いれば，GVS で用いられる数 mA 程度までの直流または低周波交流の電流刺激が皮膚触覚を生起することはほとんどない。

　GVS のように経皮電極を経由して印加される数十 Hz 以下の低周波領域の電流にとっては，主たる電流経路となる低インピーダンス部位は体液を含む湿潤

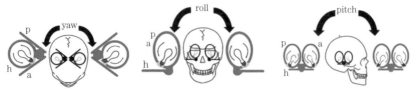

a：前半規官，p：後半規官，h：水平半規官
yaw（ヨー）：首を振る方向の頭の動き，pitch（ピッチ）：頷く方向の首の動き，
roll（ロール）：首をかしげる方向の動き

（a） 半規管と回転運動

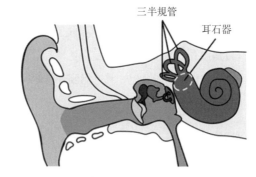

（b） 頭蓋と耳石器

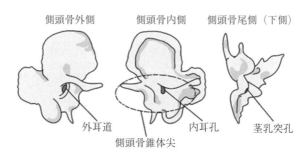

（c） 側頭骨と内耳への貫通孔

図 3.26　前庭器官の空間配置

組織であり，骨組織はおおむね絶縁体として機能する。この場合，電気刺激に
おいて頭部は，皮下の湿潤組織の中に少数の穴の空いた絶縁球殻としての頭蓋
骨が存在する構造となるため，電流はこの開口部を通ることになる[13]。
　したがって，従来 GVS では耳介裏の乳様突起上に電極を接地しているもの

の，これは側頭骨内の直下に前庭器官が存在する効果を期待することはできず，あくまで主たる電流経路となる外耳道の近傍かつ筋組織上でなく，まとまった面積のある無毛部であることを利用していることになる。両耳間 GVS の際の前庭器官への電流経路は，外耳道を経由して中耳から前庭窓を経由して内耳孔から脳室内を反対側まで到達する経路が主体であると考えられ，これはモルモットでの実験で電極を内耳付近に接地することで頭皮経由の 10 倍近い応答ゲインを観測していることからも裏付けられる [168]。

　この電流経路仮説の観点から複数の経路をたどる貫通電流経路の存在を仮定し，この実在を電極間の導通インピーダンス計測によって検証した結果が**図 3.27** である。ここでは頭蓋外周を 6 等分に配置した電極すべてに対して，外周での電極間距離比が 1：2：3 となる組合せのインピーダンスを計測している。計測されたインピーダンスは外周距離に比例せず，貫通経路によるショートカット回路の存在が示された [169]。これは GVS に相当する電極間電流が頭蓋開口部を有効な経路としているためと考えられる。

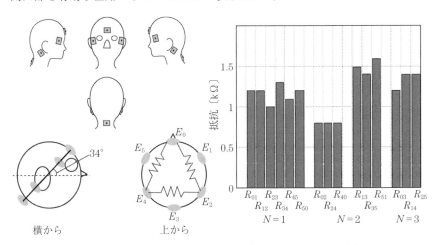

図 3.27　電流経路仮説（左）とインピーダンス計測結果（右）

　この検証結果に基づいて，複数の貫通経路を経由した異なる電流経路を仮定することで多様な GVS 刺激を設計することができる。頭蓋外周に 4 極の刺激電極を配置して内耳を貫通する電流経路を再設計することによってロール，

ピッチ，ヨーの3軸回転の知覚と身体応答を誘導する電流刺激を実現すること
に成功している[170]。

3.6.5 身体応答の評価手法

知覚とは感覚器で捉えられた信号から認識された情報が抽出され記憶に残さ
れた結果である。したがって，意識下における感覚信号処理の結果として生じ
る身体の応答そのものは知覚結果とは並列に存在している。前項で述べた主観
応答と並行してヒトの意識下では身体応答として多くの反射が生じている。

〔1〕 起 立 反 射

平衡感覚としての前庭刺激との関係で最も代表的な身体応答である起立反射
は，前庭感覚に加えて視覚と体性感覚によっても駆動されており，おおむねこ
の3つのモダリティによる加算的かつ相補的な感覚統合の結果に対して応答す
る。知覚を形成する感覚間での統合の事例にもれず，違和感の検出と注意の遷
移によるその再統合は即座であり，目をつむればただちに視覚からの応答ゲイ
ンを下げて前庭と体性感覚からの応答ゲインが向上し，片足立ちになれば体性
感覚ゲインが下がり，視覚と前庭感覚の応答ゲインが向上する。同様に飲酒後
の酩酊状態における前庭感覚の異常がもたらす千鳥足に対しても，十分な注意
配分によって視覚と体性感覚による補償が可能である。この観点で足を揃えて
立つロンベルグ立位は体性感覚てがかりを最小化する立位であり，この状態で
閉眼すれば，その際の起立反射応答はほぼ前庭感覚由来のものとなる。

また，起立反射は継続的な身体制御であるため，臨床的な評価にも適してい
る。めまい治療に実績があるため，臨床的に循環系反射・起立系反射の反射
フィードバックゲインへの長期残効的な増強効果が期待されている **nGVS**
（noisy GVS）を併用することで，起立反射の姿勢安定性と，GVSによる姿勢誘
導性をも向上させた事例が報告されている[171]。姿勢の評価としては頭部動揺
と並んで重心動揺計を用いた姿勢の分散評価もまたこの検証の代表的な評価方
法である[185]。

感覚統合の整理によって主観的知覚の再現条件を整理したとしても，GVS

による起立反射応答は複数のモードを有する身体の倒立振子制御との干渉結果として観測されることになるため応答の分散が大きくなりがちである。結果的に実験的な再現性の高さでは左右対称で周期的な片足起立に相当する運動である歩行の誘導効果が明示的である[172]。歩行は随意運動であると同時に周期運動であるため，左右足の運動発現は意識下で形成されている。このため主観的には「足が勝手に曲がって歩き始める」ような印象をもたらすものの，意識下での運動形成は事前の行動意図を反映しているため，結果的には刺激による誘導と事前の行動意図が重畳された身体応答となり，結果として反射的に行動を中断することなく歩行を継続することができる。この機序が「錯覚を利用した行動誘導インタフェース」として危険回避や GPS 誘導などの形で GVS を歩行誘導に利用可能にしている。

　一方，臨床応用も含めた機能検証としては，GVS による主観応答を問わないだけでなく，意識的な起立動作の構えも回避するために身体を寝かせた状態での頸部応答や下肢応答を計測する場合もあるものの，一般に無負荷・無課題の応答はむしろ再現性が低く，本来的に起立時のバランス動作が感覚統合過程であることを如実に現している[162), 176)]。頸部では胸鎖乳突筋，下肢ではヒラメ筋の応答計測が代表的である[162)]。

〔**2**〕　**眼 球 運 動**

　前庭への感覚刺激に対する応答として，最も客観的な計測がしやすいのが眼球運動である。このため，臨床の機能診断応用では最も簡便に用いられている。基本的な応答である**前庭動眼反射**（VOR, vestibulo-ocular reflex）は半規管-眼反射（ScOR, semicircular-ocular reflex）と耳石-眼反射（OOR, otolith-ocular reflex）から構成され[173)]，いずれも眼球姿勢 3 軸への反射系を有している。眼球運動は，意識上の運動計画による随意運動と意識下の反射による不随意運動が混在しながらも，自己運動の主体感を失わないという点においても代表的な運動部位である。

　単極刺激の事例として前述したように，前庭の生理機能検査として caloric test[161)]の温・冷水刺激と眼球運動との対応関係と単極 GVS への応答を対比す

る応用は多く[186]その特徴としてしばしば視軸回旋が採り上げられる。

　3軸ある眼球運動の中でも**視軸回旋**（torsion）運動は随意運動に属さない自由度であるという点で特異的である。主観的にその運動が知覚されることはほとんどないが，VORとして頭部運動による視野の回旋運動を抑制し，数Hzまでの低振幅の交流GVS刺激に対しても滑らかに追従した運動を示す[159]。これは頭部を顎台に固定しての安定な計測が可能であるため，臨床計測においてもしばしば利用される[186]。固視状態においても強く拘束されない自由度であるからこその応答であるが，この際に生じる主観印象は「意図しない眼球運動によって生じる自己運動感（ベクション）」であり，運動の主体感（agency）の観点からもきわめて特徴的である。下記は音楽に合わせたGVSによってバーチャルにダンス体験をもたらす実験における主観印象である[175]。

①　＜0.5 Hz付近：身体全体を足下中心にゆっくり左右に振っているような運動主体感を伴う。

②　＜1.0 Hz付近：腰をくねらせてツイストを踊っているような運動主体感を伴う。

③　＜2.0 Hz付近：頭を左右に振っているような運動主体感を伴う。

④　＜4.0 Hz付近：運動主体感が消え失せ，世界が踊っているように感じられる。

⑤　＞10.0 Hz以上：世界の回旋も感じられなくなり，主観的にGVSの効果を捉えられなくなる。

　上記いずれの場合にも主観に相当するような身体部位の実運動は生じていない。開眼・閉眼に関わらず，運動主体感が生成されることから，これらは眼球回旋運動に伴う視覚揺動のみならず眼球運動誘発性の運動解釈が主体感を生成したものであると考えられる。この際の特徴的な観察としては「運動主体感を形成する運動イメージに反する拘束条件」を付与する（具体的には主観的な動きを伴う部位に動きを拘束する当て木をあてがう）だけで猛烈な酔いの感覚を生じることが挙げられる。主観的な応答部位以外への拘束では同様の酔いは生じないため，この酔いの原因は主観的運動イメージの阻害と直結している。

〔**3**〕 **血管系反射**

主観的に知覚される感覚刺激に対して見過ごされがちであるが，実際には重要な役割を果たしているのが前庭血管系反射と起立性循環調節である[176]。ヒトはこの前庭感覚からの血管系への反射なくしては，低血圧に伴うめまいを生じ，起き上がることも立ち上がることもままならない。血圧計測を介して最も実用的に前庭機能やめまい症状の検査に用いられており，応答の改善はそのまま症状改善の治療効果にもつながるため，臨床的には残効効果が期待されるnGVS刺激の印加が併用されることも多い。

この前庭血管系反射による血圧の増加は，起立時にみられる下方への血液の物理的シフトにより起こる変化ではなく，重力加速度変化として捉えた前庭情報に基づく反射である[176],[177]。そのため，GVSのようにバーチャルな感覚刺激に対しては，その血圧調節にバーチャルな制御誤差が生じる可能性がある。健常成人では，その制御誤差は実際の血圧を捉えている動脈圧受容器反射によるフィードバック機構により調整されることになる。

同反射の刺激と応答は身体運動ベクトルの早さと方向性に追従して応答することが求められる機能である。これに対してめまいや立ちくらみはこの反射の応答ゲインの低下がおもな要因であるとされている。このため，臨床的なめまいの治療に際してはnGVSなどの主観的な方位性知覚を伴わない交流刺激を数十分程度継続的に長時間印加することによって反射応答ゲインへの残効的な増強を狙う応用が一般的である。臨床治療としては残効効果が日をまたいで残らないなど制限はあるものの，非侵襲で被施術者負担が少ないこともあって1つの選択肢としてその効果が認められている。

これらの応答や順応は意識上に現れる知覚現象ではなく，意識下で自律反射系の動きや応答ゲインへの順応効果として作用する。このため意識上で知覚される感覚応答や順応効果と異なる時間応答を示し，これが酔いに関する残効時間の長さ（半時間から最大数時間程度継続）の要因にも繋がっている。

この血管系反射への応答ゲインの誤順応的な変調こそが，「空間知覚性の感覚間不一致」の残効としてのmotion sicknessの主たる要因であると考えられ

る。同様の機序をもつゲーム酔い，VR酔いへの対策としても，めまい治療に用いられるnGVSのような残効型の刺激の効果が期待されているものの，その直接的な効果についてはいまだ臨床研究の途上にある[178]。

したがって，これはあくまで統合的な一考察に留まる説にはなるが，前庭感覚由来の酔い現象とは，以下のように現象発生の時間範囲として3つの段階を抱えているものと考えられる。

① 視覚・触覚と前庭感覚の間でのマルチモーダルな感覚間不一致が生じた場合（＜1秒），

② この継続が意識下で血管系反射の応答ゲインの再順応を引き起こし（数分から数十分程度），

③ さらにこれが長期残効となって，循環器系由来の代謝不順を引き起こす（30分から数時間程度）。

ちなみに酔いに伴う吐き気などの応答は毒物摂取への錯覚によるものとする説もあり，この点でも循環系への残効の応答とみることが妥当であろう。

〔4〕　**主観的回旋量**

GVSの半規管刺激説の立場を取るFitzpatrickらが強い論拠として挙げている，水平面内回旋印象は，前庭電気刺激による主観的な回旋印象として再現性の高い現象である。しかし再現に際して重力方向に対する頭部姿勢がきわめて限定的であることや，むしろ実回転状態よりも回旋印象が時間減衰せずに鮮明であることなど不可解な点も残る。

3.6.6　VR等の感覚提示技術への応用

臨床応用における機能検証とは異なり，VR提示への応用においては一般に視覚刺激による自己運動感覚の誘発とその補強にGVSが用いられることが多い。その目的の多くは，不足する感覚量の増強であり，この場合は一般的なVR技術における鉄則同様，「モダリティ間で一致する感覚てがかりを増やし，不一致となる感覚手がかりを喪失させる」方法論が有効である。これまでに紹介してきたGVS提示における閉眼やロンベルグ立位もその一手法である。こ

の場合，閉眼では視覚における水平・垂直基準の喪失を，ロンベルグ立位では
足裏の圧力分布てがかりの最小化を行っている。

　ロンベルグ立位以外にも，不安定な床での起立や，不安定な座面に座る（バ
ルーン椅子に座る，足が着かないブランコに乗る）などの状況下では，重複す
る感覚刺激としての皮膚上の圧力分布情報を抑制した状態となり，結果として
GVS による感覚刺激による身体応答が効果量として，あらわに知覚されるこ
とになる。体験コンテンツの提示状況をこうした状況に誘導することによっ
て，バーチャル体験の効果を最大化することが，コンテンツの設計指針として
重要になってくる。先述した文献[175]における音楽に合わせた正弦波刺激にお
ける主観応答の変化もまた，自己身体各部位の固有周波数に符合した周波数の
GVS を与えることによって該当部位特有の運動所有感を誘発したことが，バー
チャルな自発運動としての運動主体感を誘導することに成功した事例であると
いえる。

　平衡感覚提示としての VR やシミュレータへの応用においては，一般に
HMD などを用いた視覚刺激による自己運動感覚の誘発とその補強に GVS が用
いられることが多い。同様の目的では従来は体験者を乗せた状態で能動駆動す
る機械的なモーションライド装置が用いられることが多かった（**図 3.28**）。同
方式では実時間制御される最大 6 自由度のプラットフォームの制御によって並

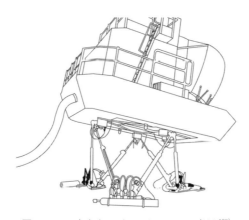

図 3.28 6 自由度のプラットフォーム事例[180]

進と傾きを提示することが可能であるが，装置の規模とコスト高，提示範囲の狭さが課題であった[180]。

GVSによる感覚提示では，経皮電極と電流制御回路のみで構成されるために，装置の規模・コストは大幅に抑えることができる。その一方で，モーションライドでは付随的に得られた皮膚上での圧力分布の変動が再現せず，これと関連する形で回転3自由度と並進3自由度を分離しての提示制御にはさまざまな制約を伴うことになる。現在までに，姿勢回転の3自由度と落下感覚の並進1自由度を提示した「GVS RIDE」が最も多い自由度を提示することに成功したGVS利用のデモンストレーションである[181]（**図3.29**）。重力方向に直交する並進加速度成分は同時に重力方向の回転印象をもたらすため，HMDによる視覚刺激と併用することによって実用的なVR加速度体験の提示と制御を試みている。

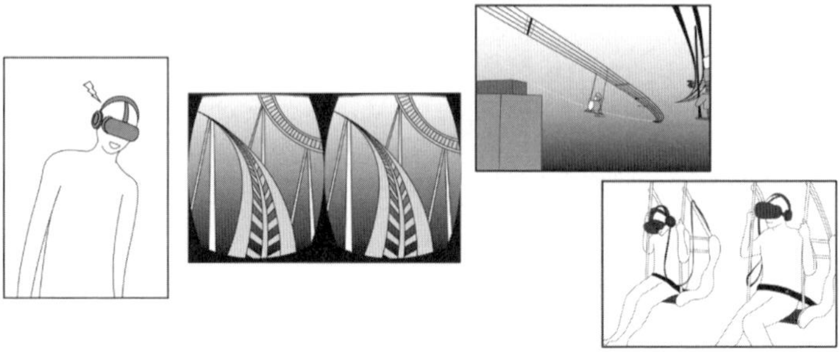

図3.29　GVSを用いたバーチャルリアリティ応用事例の模式図：GVS RIDE（左）[181]。右はGVS未使用ながら同様のライド体験にブランコ着座を利用した応用例[182]

従来法に比してコスト面や時間応答の改善などの点で期待されるGVSであるが，より効果的な感覚提示を期待する用途では，むしろ両者を同期させて複合的に用いることが効果的であることは論をまたない。特にモーションライドでは身体との接触部に外力刺激として付随的に得られる皮膚上での圧力分布の変動がGVS刺激では再現せず，モダリティ間の相互作用の欠如が臨場感を損ねる要素となる。逆に言えばGVS単体による加速度感提示効果を最大化するためには他の感覚統合手がかりの確信度を下げることが効果的である。

このような観点から GVS による並進加速度提示を低コストで効果的にする手法として，ブランコやバランスボールへの着座のように「水平加速度に対する体表面への反力が不在もしくはあいまい」となる状況を演出する方法が採られることが多い。これは重複する感覚刺激としての皮膚上の圧力分布情報を抑制した状態となり，結果として GVS による感覚刺激による身体応答が効果量として，露わに知覚されることになる。GVS に限らず，VR では体験コンテンツの提示状況をこうした状況に誘導することによって，バーチャル体験の効果を最大化することが，コンテンツの設計指針として重要になってくる[168]。こうした設計は視覚刺激によって誘導されるベクション（自己移動感覚）の増強にもなるため，アトラクション的な VR 体験では多用される手法になるが，本来の VR 体験特有の行動の自由度を拘束することになるためその効果は一長一短である。

3.7 視覚電気刺激

3.7.1 視覚電気刺激の概要

本節では電気による神経刺激で視覚を再現する方法に関して述べる。

視覚の電気刺激に関する研究はバーチャルリアリティ領域では非常に少なく，これからの発展が期待される領域である。これは，バーチャルリアリティ領域においてはヘッドマウンテッドディスプレイ（HMD）に代表される非常に優れた視覚提示装置が存在するため，前庭感覚や味覚，触覚などのように神経刺激で再現する必要性に乏しかったためであると考えられる[†]。

視覚の神経刺激は HMD と比較して解像度が低いことや，少なくとも経皮電気刺激では白色のフラッシュしか見せられないこと，立体視の研究がなされていないことなどから，まだその提示感覚のクオリティが低く，既存の VR デバイスの補助としての役割や，神経刺激でしか提示できないような感覚を作り出

[†] 本シリーズでは HMD に関する書籍の発行が予定されている。視覚に関する VR 技術に興味がある読者はそちらもご覧いただきたい。

すことが求められる。VR に限らず視覚の神経刺激において，現状最も応用が期待されている分野としては，ロービジョンの方のための**人工網膜**であろう。本節では侵襲性の視覚電気刺激（人工網膜研究）と，非侵襲性の視覚電気刺激に分けて解説する。

3.7.2　眼 球 の 構 造

　まずは眼球の構造に関する詳細は解剖学等の書籍をご一読いただきたいが，本書のみでも視覚の神経刺激の概要が理解できるように，大まかに眼球の構造を解説する。

　眼球の構造を**図 3.30** に示す。眼球の大部分は強膜につつまれている。大部分としているのは，瞳の部分の最外の膜は角膜であるためである。強膜の内側は脈絡膜があり，その内側には硬膜が存在する。網膜の内側には硝子体が詰まっている。角膜の内側にはレンズの役割をする水晶体や瞳の色となる虹彩などがある。

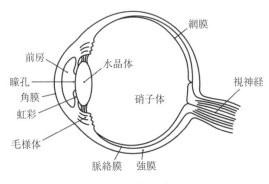

図 3.30　眼球の構造

　網膜は光を受容し，視覚的な情報を中枢に伝達するための細胞の集まりである。**図 3.31** に示すように，網膜には，視細胞，双極細胞，水平細胞，アマクリン細胞，神経節細胞の 5 つの細胞が存在する。視細胞には**桿体**と**錐体**の 2 種類が存在する。錐体細胞は中心窩に多数存在する細胞であり，光の波長によって反応する細胞が異なる。一方で，桿体細胞は周辺網膜に多数分布しており，

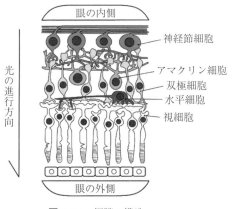

図3.31 網膜の構造

明度を感知するための細胞である。網膜の構造の非常に面白い点は，網膜上での細胞の構造的配置である。図3.31に示したように，光を受け取るための視細胞は網膜の一番奥に存在する。光は神経節細胞や水平細胞などの細胞が存在する層を通って初めて視細胞に到達し，到達した光のみを視細胞は受容することができるのである[56]。

3.7.3　侵襲性神経刺激による視覚提示

視覚系は非常に重要な器官である。このため，視覚機能を失った（あるいは著しく制限された）ロービジョンの方を対象に，視覚機能の補綴を目的とした侵襲性視覚神経刺激手法が医療分野にて研究されてきた。視覚を惹起するための神経刺激としては，視覚の末梢神経系である網膜を刺激する方法や，その神経線維を刺激する方法，中枢神経系である脳を刺激する方法などが挙げられる。本項では，侵襲性神経刺激による人工網膜の研究例を解説する。

〔1〕　視覚野への刺激による人工視覚

後頭部の大脳皮質にある一次視覚野は視覚的な情報が投射される脳部位である。この脳部位に電極を設置して脳を刺激することで，視覚的な情報を知覚させることができると考えられる。

Brindley ら[187]Dobelle ら[188]は失明患者の視覚野を電気刺激によって刺激す

ることで，**眼内閃光**（phosphene）が惹起されることを報告している。これはつまり，脳の視覚を司る部分に刺激を与えることで，視覚を提示する手法であると考えられる。脳を刺激する方法の利点は，視覚野が網膜などと比較して非常に大きいため，高解像度な視覚提示が容易である可能性が高いという点が挙げられるだろう。

〔2〕　**網膜への電気刺激による人工視覚**

網膜周辺に電極を刺入し，電気刺激によって視覚を作り出す方法も研究されている。**網膜刺激**は，網膜下刺激型，網膜上刺激型，脈絡膜上経網膜刺激型の3つに大別される（図2.1参照）。

網膜下刺激型は網膜の視細胞の直下に電極を設置して刺激をする方法である。この手法では，網膜上に電極を設置するため，直下の双極細胞（視細胞が死滅している場合）が刺激対象として考えられている [189]。

網膜上刺激型は刺激電極を網膜の内側（神経節細胞側）に電極を設置する方法である。網膜上刺激型はすでに臨床試験 [190] なども実施されており，いくらかの実績のある手法といえる。

脈絡膜上経網膜刺激型は，大阪大学を中心とする研究グループが取り組んでいる手法である [191],[192]。この手法の特徴は上述の2つの手法と比較して，侵襲性が低いという点が利点である。

いずれの刺激手法も網膜付近に電極マトリクスを設置し，網膜上に異なる電位分布（あるいは電流密度分布）を形成することでユーザに視覚を提示することができる。

〔3〕　**視神経刺激による人工視覚**

網膜上の視細胞で受容された情報は双極細胞や神経節細胞にリレーされ，中枢神経系へと伝達される。この伝達を担う視神経を対象とした刺激手法も存在する。Verrat らは視神経に電極を巻き付け，電流値や周波数，パルス電流の時間幅などを変化させたときに惹起される眼内閃光の数や大きさ，形状，位置，色などの特徴がどのように変化するのかを検証している [193]。視神経の中には数十万から数百万本の神経線維があるが，この神経束に対してどの程度解像度

のある視覚を提示することができるのかは，まだわかっていない。

　以上が侵襲性の視覚刺激手法に関する研究の概要である。これらの他に，近年では岡山大学にてポリエチレンフィルムを用いて視細胞を代替する人工網膜の研究なども進められている[194]。

　侵襲的な刺激手法は，効果量が大きく，網膜上での電位や電流密度の分布をある程度自在に操作することができるため，高解像度な視覚提示が可能なインタフェースとして期待される。一方で，外科的手術が必要であることや，メンテナンスをしなければ感染症や電極劣化が起こってしまうという点では，本書の解説領域であるバーチャルリアリティ等の技術としては利用へのハードルがまだ高いだろう。

3.7.4　非侵襲性神経刺激による視覚提示

　バーチャルリアリティ等の分野においては，近年になって経皮電気刺激によって視覚を提示する研究が実施され始めている。視覚においても経皮電気刺激の利点は軽量，安価，小型である点が挙げられる。電極のみを頭部に設置できれば良いため，既存の HMD と併用が容易であるという点も経皮電気刺激による視覚提示手法の現状の利点であろう。本項では経皮電気刺激による視覚提示手法について詳しく解説していく。

〔1〕　経皮電気刺激による視覚提示の起源—中枢か末梢か—

　経皮電気刺激によって眼内閃光が生起するという報告は Kanai らによってなされた。Kanai らは後頭部（外後頭隆起から 4 cm 上）と頭頂部に電極を設置して，さまざまな周波数で交流刺激を行い，その刺激周波数における眼内閃光の閾値や感覚の強度の特性が暗所と明所で異なることを示している。Kanai らはこれらの刺激周波数と暗所・明所における脳波の律動と効果的な刺激周波数の関係から，彼らの刺激が脳を刺激しているものであると主張している[195]。

　この Kanai らの発見と主張に対して，さまざまな反論も見られている。Schwiedrzik らは Kanai らのこの刺激は脳刺激ではなく網膜への刺激であると主張している[190]。Schwiedrzik ら以外にも，Schutter と Hortensius，Kar と

Krekelberg などの研究者が Kanai らの刺激が脳刺激ではなく，網膜への刺激であると主張している [197),198)]。さらに，Laakso らは有限要素解析を利用して，頭頂部-後頭部間での電気刺激でも眼球に電流が流れ込むことを示している [199)]。

　これらの研究において，Kanai らの刺激が網膜を刺激しうることは示されているが，もちろん現状では脳の視覚野を刺激していないことを示されたわけではなく，Kanai らの主張とその反論に完全に決着がついたわけではない。一方で，この電気刺激が脳刺激であっても，網膜刺激であったとしても，経皮電気刺激によって視覚を惹起することができるということを示した Kanai らの研究には非常に大きな価値があるものと筆者は考えている。

〔2〕　視覚電気刺激とその VR 関連分野への応用

　1章でも触れているが，日本バーチャルリアリティ学会の論文誌にて視覚電気刺激に関する研究論文が掲載されたのは 2015 年の樋口らのものが初めてである。樋口らは，侵襲性刺激において網膜上に設置した電極の位置を変化させることで惹起される視覚の位置や形状が異なることから，眼球に広がる網膜平面上に電位分布（あるいは電流密度分布）を形成することで，視野内の異なる位置に眼内閃光を惹起することができるのではないかと考えた。この仮説を実証するために，**図 3.32** に示すように眼球周辺に複数の表面電極を設置し，さまざまな位置の組合せで交流電流刺激を行った。その結果，刺激電極対のすぐそばに光源があるような眼内閃光が惹起されることを示した [200)]。

　また，Higuchi ら，は HMD の顔面と接する部位に6か所と首の後ろの合計7つの電極を利用し，首の後ろの電極と HMD 上のいずれかの電極間に交流電

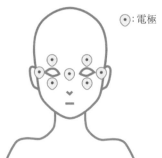

◉：電極

図 3.32　視覚電気刺激の
　　　　電極配置例

流を印加することで眼内閃光の惹起される方向の情報を，頭部の姿勢を誘導するマーカーとして利用できることを示している[201]。

樋口らの研究に続き，Akiyama らは表面電極の位置を眼球から遠ざけていったときの，眼内閃光の光源位置を回答させる実験を行った[202]。この実験の意図は，視野内でどの程度まで広く視覚を提示することができるのかを計測するものであった。

この実験では，被験者に HMD を装着してもらい，バーチャルな空間と視野中心に追従する円を見せ，被験者はその円の中に，電気刺激中に見えた光の光源が入るようにバーチャルな空間を見回すように指示された。その結果，被験者は電極の位置に応じて視野の外側に眼内閃光を感じる場合もあり，視野の非常に広い範囲まで眼内閃光を感じることが示されている。一方で，この眼内閃光の生起確率は電極が眼球から離れるほど低下していくこともわかっており，最外の電極では，いずれの方向でも生起率は 20 %未満であった。

これらの研究結果と，3.6 節で述べている前庭電気刺激による前庭感覚提示手法を組み合わせ，青山らはバーチャルなキャラクターから殴打されるダメージエフェクトを再現するという体験デモを作っている[203]。このデモでは HMDとイヤマフに電極を取り付け，HMD 上にはバーチャルなキャラクターと VR空間が表示される。その空間の中でバーチャルなキャラクターと格闘をするが，キャラクターに殴打された方向に応じて，前庭電気刺激と視覚電気刺激によるダメージエフェクトを再現する。これによって，どこからどのような攻撃を受けたのかを直観的に理解できる体験となる。

上述の視覚電気刺激においては，図形や文字の描画や動画の再生など，HMD にできて視覚電気刺激ではできないことが多々ある。今後これらの諸問題を解決し，軽量安価な HMD の代替となるような神経刺激手法の構築が期待される。

以上が視覚を操作する神経刺激に関する研究である。視覚への侵襲的な刺激はすでに臨床研究なども行われていることから，ロービジョンの方のために実用化が期待されるものである。経皮電気刺激による視覚の操作技術はまだまだ

発展段階の技術であり，用途も限定的である。

3.8　嗅覚電気刺激

3.8.1　嗅覚電気刺激の概要

　嗅覚ディスプレイは神経刺激を利用した方法でも，それ以外の方法でも，研究途上の技術である。電気刺激や磁気刺激等の神経刺激手法以外による嗅覚提示に関しては，『バーチャルリアリティ学』[204]をご覧いただきたい。

3.8.2　嗅覚の受容と情報伝達

　嗅覚を惹起する神経刺激の解説をする前に，嗅覚受容と情報伝達の概要を解説する（**図3.33**）。

　嗅覚は空気中の微量な化学物質を検出する神経系である。これらの化学物質は鼻腔内の嗅上皮にある一次感覚細胞である嗅細胞の繊毛（嗅毛）によって受容さ

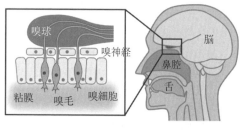

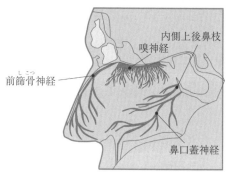

図3.33　鼻腔周辺の解剖図

れる。繊毛上には化学物質を受容する受容体があり，ここで特定の化学物質を
受容すると**嗅細胞**の発火が起こる。この嗅細胞で受容された情報は，嗅球に伝
達され前梨状皮質や扁桃体，視床下部，大脳皮質嗅覚野などに伝達される[205]。

　また，濃度にも依存するものの，バニリンやH_2S，CO_2等の一部の化学物質
を除き，鼻腔内に暴露された化学物質は嗅細胞と**三叉神経**の両者を刺激する。
鼻腔内の三叉神経には，前篩骨神経や内側上後鼻枝，鼻口蓋神経などがある。
三叉神経が刺激されると2つの感覚が惹起される。1つはツンとした感覚であ
る，stinging sensation であり，2つ目はひりひりとした感覚である，burning
sensation である。嗅神経と三叉神経との間には末梢から中枢までさまざまな
相互作用があるといわれており，これらが臭いや香りを形成している。刺激臭
は臭いの知覚の中でも，鼻腔内の三叉神経を強く刺激された時に生起するので
ある[206]。

3.8.3　中枢神経系への電気刺激

　鼻腔内の嗅細胞ならびに三叉神経によって受容された嗅覚情報は嗅球へと伝
送され，中枢へと伝達される。このため，嗅覚の情報を受容する中枢神経系へ
の電気刺激によって嗅覚を提示することができると考えられる。

　Kumar らは16名のてんかん患者の硬膜下に設置した電極から嗅球や嗅索に
電流を印加すると，11名が臭いを報告し，その内9名が嫌な臭い（ゴミや煙など）
を報告し，2名が快い臭い（イチゴなど）を報告したことを示している[207]。

　現状では中枢神経系への非侵襲な電気刺激によって嗅覚を提示した例はな
い。しかし，少なくとも侵襲的な刺激であれば中枢の嗅覚の情報処理に影響を
与え，バーチャルな嗅覚を生じさせることが可能であることをこれらの研究は
示している。

3.8.4　末梢神経系への電気刺激

　嗅覚の末梢神経である嗅神経は鼻腔に存在している。また，鼻腔内の化学感
覚を受容するもう1つの末梢神経である三叉神経枝も鼻腔内に分布している。

鼻孔から挿入した電極をこれらの神経周辺に接触させて電流を印加した例がいくつか存在する。

Yamamoto らはウサギの鼻腔内に電極を挿入し，電流を印加すると，嗅球に活動電位が現れることを示している[208]。この結果は鼻腔内への電気刺激によって嗅覚を受容した時と同等な神経活動が誘発されていることを示唆するものであると考えられる。同様に Ishimaru はウサギの鼻腔内への電気刺激によって嗅覚を司る脳領域に誘発電位が現れることを示している[211]。

一方で，Weiss や Straschill ら，Ishimaru らは嗅上皮と右手，嗅上皮と額など，少なくとも片方の電極が嗅上皮に設置された電気刺激をヒト被験者に与える研究をしているが，主観的な嗅覚の知覚の報告はない[208]〜[210]。

近年になって Holbrook らは嗅覚の能力が損なわれていない副鼻腔手術を行った患者5名に対して，鼻腔天蓋の篩骨周辺に鼻孔から挿入した電極によって電流を印加することで，3名が臭い（玉ねぎ，消毒薬，表現できない）を感じたことを示している[212]。また，Hariri らは鼻孔から鼻腔内に挿入した電極から電流を印加することによって，臭いを惹起するための装置の構築を報告している[214]。

これらの報告を総括して考えると，現状では鼻腔を手術した人の鼻腔奥部まで電極を挿入するという刺激条件であれば，低確率ではあるものの何らかの臭いないしは鼻腔内化学感覚を電気刺激で惹起することができるといえる。一方で，鼻腔の奥深くまで電極を挿入するという方法は，効果は未確認であるものの，手術を必要とせずとも嗅覚を惹起することが可能となるかもしれない。

完全に嗅覚と言い切れないものの，鼻腔外から経皮電気刺激による鼻腔内化学感覚の提示手法を Aoyama らが開発している[214]。ここで，嗅覚ではなく，鼻腔内化学感覚としたのは Aoyama らの手法では主として刺激臭あるいは鼻腔内の刺激感というべき感覚が惹起されるためである。この手法では鼻梁と首の後ろに電極を設置し，方形波電流をその間に印加する。これによって，ユーザはアンモニアや塩素のような刺激臭，ツンとした感覚，水を鼻から吸い込んだ感覚などを感じる。これらの感覚は鼻腔内化学感覚と総称されるが，この鼻腔内化学感覚の惹起率は80％以上あり，他の刺激手法と比較して高い。

3.9 経頭蓋電気刺激

3.9.1 経頭蓋電気刺激の概要

　ヒトでは，磁気，電気，超音波による非侵襲脳刺激法が用いられている。このうち電気によるものは，800 ～ 900 mA の強い電気を用いる電気けいれん療法（ECT, electroconvulsive therapy）と，1 ～ 2 mA の微弱な電気を用いる**経頭蓋電気刺激**（**TCS**, transcranial current stimulation）[†]に大別される。ECT は完全麻酔下で医師の管理の下けいれん発作を引き起こし，精神や感情の障害を改善する治療法である。対して本節で取り扱う TCS は，脳機能研究のツールとして広く心理学や工学分野でも用いられており，オンラインショップ等で購入できる民生デバイスも存在する。その刺激電流波形や刺激皮質領域によって，異なる脳機能を増強，改善できる可能性が示されている。

　本節ではまず，代表的な TCS である直流，交流，ホワイトノイズ波形を用いる手法について，脳機能修飾の作用機序と効果を説明する（**表 3.2**）。TCSによる機能の増強と改善（に関して）は，エビデンスレベルを考慮して，原則的にはメタアナリシスあるいはランダム化比較試験で報告された結果のみを取り扱う。その後，TCS を用いる際に留意すべき点として，TCS の効果に対する交絡因子と，安全面で配慮すべきポイントについて説明する。

3.9.2 経頭蓋直流電気刺激

　経頭蓋直流電気刺激（**TDCS**, transcranial direct current stimulation）は，頭皮に貼付した 2 つ以上の電極から流れる微弱な直流電流により，電極下の皮質神経細胞の**膜電位**を変化させる。ネコの頭蓋骨を開き，直接大脳皮質に直流電流を流した実験によれば，陽極電極近傍の神経細胞は膜電位が**脱分極**して発火頻度を増し（**興奮性増大**），陰極電極近傍では**過分極**が生じて発火頻度を減じた（**興奮性減弱**）[215]。TDCS も同様に，陽極電極と陰極電極下の神経細胞の発

[†] TES（transcranial electrical stimulation）表記もある。

表3.2 経頭蓋電気刺激の効果と作用機序

	刺激波形	改善・増強効果	作用機序
経頭蓋直流電気刺激（TDCS）	直流	極性指定なし：うつ病，ニコチン依存 陽極刺激：慢性疼痛，作業記憶，認知機能（健常者および軽度・中等度アルツハイマー病患者），運動技能の習得と保持	・神経細胞の静止膜電位を修飾 ・刺激電極近傍の神経興奮性が変化（陽極は興奮性増，陰性は興奮性減）
経頭蓋交流電気刺激（TACS）	交流	0：連想記憶，作業記憶，動作緩慢（パーキンソン病） α：うつ病，慢性疼痛 β：運動学習脳卒中リハビリ γ：エピソード記憶，睡眠効率	・神経細胞の発火タイミングを修飾 ・神経細胞群の活動同期性を高める
経頭蓋ランダムノイズ刺激（TRNS）	ホワイトノイズ	耳鳴り（TDCS後に適用した場合），疲労感（多発性硬化症），気分，言語性の創造力，知覚学習（中度 近視者）	不明。確率共鳴による神経興奮性の増大が提唱されている。

火頻度を調節すると考えられている。ただし，頭皮に印加された電流は，頭蓋骨と軟部組織を通過して大脳皮質の灰白質に到達するまでに約9割減衰する[216]。活動電位の発生には，静止膜電位からおおよそ15 mV以上の電位変化が必要だが，ヒトで通常使用されるTDCSの強度では，膜電位の変化は最大でも±0.17 mVとされる[217]。TDCSは電極近傍の神経細胞群の発火頻度を調整する**条件刺激**にすぎず，変動磁場を介してTDCSの10〜100倍の膜電位変化を誘起し，神経細胞を直接発火させて閃光や筋収縮を誘発する経頭蓋磁気刺激とは作用機序が異なる。

TDCSは，うつ病と慢性疼痛の改善[218],[219]，健常者の認知課題や作業記憶課題の成績向上[220],[221]，軽・中等度アルツハイマー病患者の認知機能強化[222]，運動技能の獲得と保持の促進[223]，喫煙依存症状の軽減[224]に効果のあることが，メタアナリシスによって報告されている。

なおこれらの効果は，**極性**，**電流密度**（電流強度・電極サイズ），**通電時間**，および**刺激皮質領域**によって変化する。例えばTDCSが急速に広まるきっかけとなった論文[225]では，一次運動野上と対側の前額に貼付した電極のうち，運動野上の電極を陽極とした anodal TDCS（a-TDCS）は運動野の神経興奮性を

増大し，運動野上を陰極とした cathodal TDCS（c-TDCS）はその興奮性を減弱することを示している。また，5分間1mA の a-TDCS は刺激後3分間神経興奮性の増大をもたらしたが，3分間1mA と5分間0.6mA の a-TDCS は刺激後1分間しか神経興奮性の増大を持続せず，運動野上の電極を後頭部に動かして TDCS を行った際にはそもそも運動野の神経興奮性変化は生じなかったことを報告している。

　先の一次運動野への a-TDCS/c-TDCS 研究は，その対側の前額を逆の極性で刺激している。a-TDCS による神経興奮性増大が，陽極電極近傍の神経細胞群の脱分極によってもたらされたのか，対となる陰極電極近傍での過分極の遠隔効果によるのかは自明ではない。刺激部位，というとわれわれは標的皮質領域上の**刺激電極**にばかり目を向けがちだが，**対電極**も皮質神経細胞の活動を修飾することに留意すべきである。作業記憶や認知能力との関連が示されている左背外側前頭前野（DLPFC, dorsolateral prefrontal cortex）を刺激できる，3通りの配置例を**図 3.34** に示した。対電極から印加される電流による脳機能修飾を抑えるには，対電極のサイズを刺激電極より大きくして電流密度を下げる，

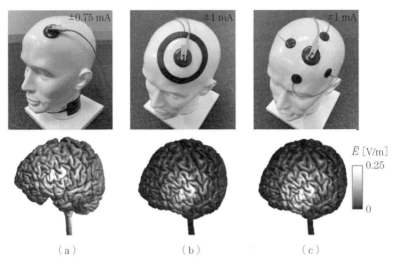

（a）　　　　　　　　（b）　　　　　　　　（c）

図 3.34　経頭蓋直流電気刺激の電極配置（上段）と形成される脳電場（下段）。いずれも DLPFC 上に直径3cm の円形電極を置いているが，対電極の形状と位置は異なる。

対電極を頸部や肩に置くことで頭部への刺激を避ける（図（a）），リング状電極（図（b））や刺激電極を取り囲むように対電極を複数置く（図（c））ことで局所刺激を達成する，といったアプローチが考えられる。

3.9.3　経頭蓋交流電気刺激

　時々刻々と変化する脳の自発的電気活動を記録したものを脳波と呼ぶ。脳波はしばしばリズムを形成し，ある程度の時間，一定周期の波が連続すると，人間の目には脳波が律動的に見える。この一定周期の脳波を**皮質律動**といい，**経頭蓋交流電気刺激**（**TACS**, transcranial alternating current stimulation）は，脳波に現れる θ 波（$4 \sim 7\,\mathrm{Hz}$），α 波（$8 \sim 13\,\mathrm{Hz}$），β 波（$15 \sim 30\,\mathrm{Hz}$），γ 波（$> 35\,\mathrm{Hz}$）といった皮質律動を模した交流電気を用いる刺激法である。TDCS とのおもな違いは，頭皮に置いた2つ以上の電極の機能的な解釈にある。TDCS の場合，これらの電極は陽極と陰極と呼ばれ，持続的に神経細胞の脱分極と過分極をもたらす。TACS では，正弦波の半周期毎に陽極と陰極が入れ替わるため，膜電位は平均的には影響を受けない。しかし，半周期毎に生じる短時間の脱分極と過分極により，TACS は電極近傍の神経細胞の発火タイミングを**刺激周波数**に**同期**させると考えられている[216]。

　TACS を用いて神経細胞群の発火タイミングを刺激周波数に引き込むには，その神経細胞群の**固有活動周波数**を考慮する必要がある[226]。固有活動周波数と大幅に異なる周波数への引き込みは，ヒトで通常使用される強度の TACS では難しいとされる。例えばヒトで一次運動野に $20\,\mathrm{Hz}$ の TACS を行った研究では，もともと一次運動野に由来する皮質律動が $20\,\mathrm{Hz}$ に近い人で，より顕著に神経細胞の活動が $20\,\mathrm{Hz}$ に同期している[227]。また固有周波数には個人差があり，各皮質領域，あるいは同じ皮質領域であっても担う機能によって異なることが知られている。ヒトでは安静時，あるいは増強したい機能が賦活化される課題中に脳波計測を行い，皮質律動が最も強い周波数を固有活動周波数とすることが多い。

　TACS は，その刺激周波数と刺激皮質領域に応じてさまざまな行動レベルの

変化を引き起こすことが，ランダム化比較試験により明らかになっている。例えば両側の背外側前頭前野（DLPFC）に対する α 帯域（10 Hz）の TACS は，うつ病と慢性疼痛を改善し[228),229)]，運動機能との関連が知られる β 帯域（20 Hz）の TACS は，運動スキルの習得や脳卒中後の機能回復を促進した[230),231)]。γ 波の周波数での TACS は，60 Hz で左 DLPFC に適用するとエピソード記憶を増強し[232)]，77.5 Hz で額部に適用すると慢性不眠症における睡眠効率を改善することが報告されている[233)]。記憶と深く関連する θ 波の周波数での TACS は，その刺激部位に応じて連想記憶と作業記憶の増強に加えて[234)~236)]，パーキンソン病患者の動作緩慢を改善することが知られている[237)]。TACS は，その効果に**周波数特異性**と**領域特異性**があるので，特定の皮質領域における特定周波数の皮質律動がどのような機能を果たしているのかを研究する手法としても使うことができる。

多電極を用いた TACS により，離れた皮質領域間の活動の同期性を操作することも行われている。例えば図 3.34（b）に示した電極配置を 2 組用いて，左右の側頭葉に対して γ 波の周波数で TACS を行うと，2 組の電極から印加される刺激波形の位相差に応じてその皮質領域間の活動同期性は高くも低くもなる[238)]。高齢者においては，θ 波の周波数で 2 領域を局所同時刺激することで，作業記憶の保持が改善することが示されており，新たな記憶増強のための介入手法として注目を集めている[239)]。

3.9.4 経頭蓋ランダムノイズ刺激

経頭蓋ランダムノイズ刺激（**TRNS**, transcranial random noise stimulation）は，0.1 Hz から 640 Hz の周波数成分を含んだホワイトノイズ様の電流による刺激法である。TDCS と比べると TRNS を使用した研究は少ないが，ランダム化比較試験の結果は，少なくとも次の 5 項目に対する増強・改善効果を示している。① 知覚機能：中度近視者の知覚学習を促進する[240)]。② 多発性硬化症患者における疲労感の低減[241)]。③ 一般健常者における言語性想像力の向上[242)]と，④ 気分を明るくする効果[243)]。なお④の気分改善効果は，高齢者では元々

ネガティブな気質の人のほうが，若者では元々ポジティブな（気質の）人のほうが大きいことが報告されている。⑤耳鳴りの改善：あらかじめ TDCS を両側 DLPFC に 20 分間 1.5 mA で適用した後，TRNS を左右の側頭葉に 20 分間 2.0 mA 行うことで効果が得られている[244]。

　TRNS の作用機序はわかっていないが，理論的には**確率共鳴効果**によって刺激電極近傍の神経興奮性を高めると考えられている[245]。確率共鳴とは，神経細胞への興奮性入力が閾値下の（活動電位を発生させるほど強くない）ときに，ノイズを加えることで興奮性入力の和が増幅され，特定の時間に閾値を超える現象のことである。この閾値を超えるタイミング，すなわち神経発火のタイミングは，神経律動に表象される既存の閾値下での興奮性変化のリズムに依存する。結果的に TRNS は，神経律動を増幅することにより神経細胞群の発火同期性を高めることで，知覚や認知機能を増強し改善している可能性が高い。

▐ 3.9.5 ▐　VR における TCS の利用例

　TCS は頭皮に貼付した電極を介して脳を刺激するため，身体動作を伴うタスクや，ヘッドマウントディスプレイと併用しやすい。VR と TCS を組み合わせた研究は多く，とりわけリハビリテーション分野における活用が進んでいる。視覚野への a-TDCS は弱視の成人におけるビデオゲームを利用した立体視訓練の効果を高め[245]，運動野への a-TDCS は脳性麻痺の小児における VR 環境を利用したバランス訓練の効果を高めた[246]。VR 技術を用いた脳卒中後の上肢運動リハビリ中に，非損傷半球の一次運動野に c-TDCS を適用すると，脳刺激を伴わない VR リハビリ群と比して機能回復に優れる[247),248]。一方で同様の VR リハビリにおいて，損傷半球の一次運動野に a-TDCS を適用した場合は効果がなかった[249]。

　リハビリ分野以外では，運動機能と認知機能を対象とした介入事例が目立つ。例えば一次運動野への a-TDCS は，医学生の手術シミュレータでのトレーニング効果を増強する[250]。認知機能を鍛えるゲームを利用している間に，両側の DLPFC に TRNS を適用するか，両側の前頭領域と頭頂領域を同時に刺激

する multi-focal TDCS を適用すると，新たな問題を解決し，未知のパターンを認識することにかかわる流動性知能の向上に効果があることも示されている[251]。両側の DLPFC に対する θ 波の周波数での TACS は，視覚弁別課題とドライビングゲームというマルチタスクの能力を強化する[252]。これらに加えて a-TDCS は，暴力的なビデオゲーム後にその操作者が攻撃的になることを抑制し，自己イメージの変容過程に影響を与えられる可能性が指摘されている[253]。

3.9.6 TCS を用いる際に考慮すべきこと

　TCS は，正しく使用すれば安全であり，さまざまな機能や能力を改善し増強できるポテンシャルを秘めている。その一方で，使用の簡便さゆえに研究計画が不備な報告も見受けられ，再現性の低さが問題となっている（実際には再現性が低いのではなく，不適切な研究計画のために結果を再現できないことも多い）。知識を伴わない不適切な使用は火傷等の原因にもなりうる。

　これらに加えて TCS は，脳ドーピングに利用できるのではないか，スマートドラッグ的に使えるのではないか，という懸念がある[254]。スキージャンプの選手に TDCS を実施すると，実施しなかった選手と比べてジャンプ力が13%上がったという報告もなされている。運動機能だけでなく認知機能も強化できることから，チェスや囲碁のようなマインドスポーツやeスポーツとの親和性は高いと見込まれており，ともすれば濫用に繋がる恐れもある[255]。技術的には安全性が担保されていても，「脳を刺激する」という行為に漠然とした不安を抱く人は多い。安全面だけでなく倫理面にも配慮して研究を進めることが推奨される。

〔1〕　TCS の効果に影響を与える要因

　表3.3 には，TCS を用いる際に考慮すべきその効果に影響を与える要因を，属性・習慣・脳構造・実験プロトコル別にまとめた。このうち属性と習慣に関する情報は，被験者募集時の除外基準に含めるか，全被験者に対して質問紙の形式で回答を求めると良い。統計モデルに共変量として含めることで，一見す

表3.3　経頭蓋電気刺激の効果に影響を与える要因

属性	性別，年齢，病歴，遺伝，就学年数
習慣	依存症の有無，薬の服用
脳構造	皮膚 皮下脂肪 頭蓋骨の厚さ，脳脊髄液の密度，脳回や脳溝といった皮質表面の形態，脳活動の固有周波数
実験プロトコル	刺激のタイミング，刺激量（日数や電流強度）

ると一貫性のない結果を説明しうることがある。

　代表的な属性要因としてよく挙げられるのは，性別・年齢・病歴・遺伝である。例えばa-TDCSによる認知機能増強は女性では刺激量（電流強度と通電時間）と関連するのに対して，男性では影響しないことが知られている[220]。年齢の影響も，3.9.4項で述べたTRNSによる気分改善効果の高齢者と若者での傾向の違いに加えて，TACSによる連想記憶の増強は高齢者でのみ生じることが報告されている[235]。病歴に関しては，TDCSによる運動学習の促進において，脳卒中患者では片側半球刺激，健常者では両側半球刺激のほうが効果的であることや[256]，統合失調症患者ではc-TDCSの興奮性抑制作用が認められないことが示されている[257]。一親等以内に統合失調症患者がいる健常者でもc-TDCSによる興奮性抑制は消失しており，これは家系的な遺伝要因の影響と考えられている[257]。他の脳刺激プロトコルでも効果の変動要因となる，脳由来神経栄養因子（BDNF, brain-derived neurotrophic factor）とカテコール-O-メチルトランスフェラーゼ（COMT, catechol-O-methyltransferase）の遺伝子多型については，その影響を示唆する研究とそうでない研究があり結論が出ていない。学歴による効果の違いを示した研究もある。軽中等度アルツハイマー病患者に対するa-TDCSは，就学年数8年を境に2群に分けたうちの高学歴群のみで認知機能の改善を示している[222]。

　習慣要因のうち，TCSの効果に大きな影響を与えるのは依存症と服薬である。例えば，通常神経興奮性を増大させるa-TDCSは，ニコチン欠乏状態の喫煙者（ニコチン依存症患者）では効果がなく，効果を呈するにはニコチンパッチを貼る必要がある[258]。一方で非喫煙者に同様のニコチンパッチを貼ると，

喫煙者とは対照的に，TDCS による神経興奮性の増大と減弱はどちらも生じなくなる[259]。実験実施時には少なくとも依存症については，日常的な喫煙，アルコール依存，薬物依存の有無を問うべきである。対して服薬は，神経系に直接作用する睡眠薬や疼痛治療を目的とした麻薬性鎮痛薬に限らず，さまざまな薬が効果に影響しうるため，個別に服薬の有無を問うよりは自由記述にて尋ねるほうがよい。

　脳構造は，頭皮に印加された電流が形成する**脳内電場**に影響する。多くの TCS 研究は，全被験者に対して同じ電流強度を用いており，個人毎に最適化した事例はまだ少ない。しかし，皮膚・皮下脂肪・頭蓋骨といった組織の厚さには個人差があり，特に頭蓋骨の厚さは脳内電場強度を大きく変動させる。頭皮に加わる電流密度が同じでも，神経細胞の膜電位変化を規定する脳内電場強度は3倍以上違うこともある[260]。皮質脳回と脳溝のような皮質表面の形態は，脳内電場分布に影響し，特に1対の電極で刺激するときは刺激の影響を強く受ける皮質領域が個人ごとに変わりやすい。

　脳構造の個人差によって生じる脳内電場分布のばらつきを評価・統制するには，個人の MRI 画像から再構成された頭部モデルに，任意の電極位置・電流強度を与えた，有限要素法による脳内電場の推定が効果的である。図3.34 はフリーソフトウェア "simNIBS"[261] による電場モデリングの結果である。脳内電場に着目した解析を行うことで，被験者間でばらつく TCS の効果を説明できることがある[260]。頭皮に印加する電流密度を脳内電場の強度に基づいて決定する，標的皮質領域外への刺激を避けるためにリング状電極や刺激電極を取り囲むように対電極を複数置いて局所刺激をする，といった実験操作の工夫も推奨される。

　実験プロトコルでは，online と offline と呼ばれる実験デザインと，刺激日数や電流密度といった刺激量が主たる交絡因子となる。Online とは課題中・評価中に TCS を行うデザインであり，Offline は TCS の前後ないしは TCS 後に課題・評価を行い，TCS 中は課題・評価を行わないデザインを指す[262]。刺激量については，例えば a-TDCS を運動学習中に行うと，3-5 日間の連続介入

によって手続き記憶の増強が認められるのに対して，1日だけの介入では効果が得られないことが示されている[223]。ただし，単純に刺激量を増やしても望みうる結果は得られない。20分間のc-TDCSは，強度1mAでは興奮性を抑制するが，強度2mAでは興奮性を増大する[263]。作用機序に従えば，強度を上げればより大きな過分極が生じて興奮性をより減弱するはずであるが，実際にはヒトに備わる**生体恒常性**により，本来の作用を打ち消し補償する結果が生じたと考えられている。

〔**2**〕　**安全面の配慮**

- TCSは，皮質神経細胞を直接発火させられるほど強い刺激ではないため，経頭蓋磁気刺激と比べるとてんかんの誘発リスクは低い。刺激強度や通電時間をガイドラインの範囲内で決め，正しく使用すれば安全な脳刺激法である。2016年に発表されたTDCSの安全性に関する総説論文によると，刺激量7.2C以下，刺激強度4mA以下，刺激時間40分以下であれば，これまでに重篤な有害事象や不可逆性損傷の報告はない[264]。

- ただし，刺激強度や通電時間を守っていたとしても，副作用がまったくないわけではない。主たるTCSの副作用には，刺激部の灼熱感，やけど（直流刺激に多い），局所痛，不快感，網膜が直接刺激されることによる明滅（40Hz以下のTACSで生じる）が挙げられる。他にも，緊張や不安感に由来する血管迷走神経反射による失神，頭部の締め付けに起因する頭痛が報告されている。

- 刺激強度4mA以下であっても，TCSの空間分解能を上げるために小さいサイズの電極（おおよそ7cm²以下）を使用する場合は，事前に電流密度を計算してから研究を開始する。げっ歯類を使用した研究によれば，脳組織の損傷は6.3A/m²以下の電流密度では起きないとされている[264]。

- 研究参加者には事前にチェックリストに回答してもらう。一般的な除外基準[262]や脳刺激の禁忌[265]に該当しないことを必ず確認する（**表3.4**）。

- 不測の自体に備えることで，安心して研究を進めることができる。緊急時の連絡フローチャートを実験室に掲示しておく。実験は2名以上で実施するこ

表 3.4　経頭蓋電気刺激使用時のチェックリスト

項　　目	TCS 使用時の注意点
頭蓋内に電極もしくは手術用クリップがある	使用してはいけない
心臓ペースメーカーを使用している	
人工内耳，人工中耳を使用している	
体内埋込ポンプを使用している	
脳刺激（TCS や TMS など）による失神歴がある	原則避ける
過度のアルコール摂取，二日酔い	
痙攣，てんかん発作の既往歴がある	当該が実験対象でなければ避ける
頭部に損傷を受けて意識を失ったことがある	
妊娠，またはその可能性がある	
頭蓋内病変（脳腫や脳卒中）の既往歴がある	
精神疾患または神経学的障害の診断を受けている	
偏頭痛の既往歴がある	被験者の状態に十分注意する
睡眠不足	
処方された薬を服用中である（避妊用ピルを除く）	痙攣リスクを高める薬もあるため注意する
頭皮，顔周りに疾患がある（乾癬や湿疹など）	頭皮の前処理ができないため，被験者には適さない
頭皮との接触が不可能である（ヘッドスカーフやドレッドヘア）	電極を頭皮に貼付できないため，被験者には適さない

とが推奨される。

- 小児における TCS のリスクはほとんど研究されていない。小児は頭蓋骨が薄く，大人では安全とされてきた刺激強度でも危険な可能性があるため十分注意する。
- 適切な実験器材を使用する。参考までに著者が TCS を実施する際に使用している器材一覧を図 3.35 に示した。
- 皮膚抵抗値を下げる。TCS は定電流刺激なので，刺激時に不必要に高い電圧がかかって，痛みや火傷の原因となることを避ける。刺激電極を食塩水で濡らしたスポンジや導電性のペーストで覆う，頭皮を皮膚処理用ジェルで前

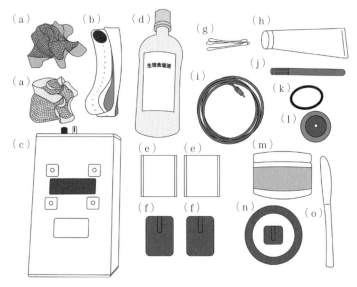

図3.35　TCSを実施する際に使用している器材一覧。（a）ネット状の
キャップ，刺激電極の上から頭に被せる。（b）バンド，（a）の上
から頭に巻いて使用する。（c）バッテリー駆動型刺激装置。（d）
生理食塩水，スポンジ電極を湿らせる。（e）スポンジ電極，（f）
のゴム電極を入れる。（f）導電性シリコンゴム電極。（g）綿棒，
皮膚処理剤を付けて頭皮を擦る。（h）皮膚処理剤。（i）ケーブル，
刺激装置とゴム電極を繋ぐ。（j）ホワイトボードマーカー，頭部に
目印を書き込む。（k）ヘアゴム，必要に応じて被験者の紙を束ねる。
（l）メジャー，被験者の頭のサイズを測る。（m）導電性ペースト，
スポンジ電極を使用できない（n）の溶暗形状のゴム電極に塗って
使用する。（n）導電性シリコンゴム電極，（o）ナイフ，導電性ペー
ストを（n）のゴム電極に塗る。

処理する，長髪の被験者では必要に応じて髪をヘアゴムで束ねると良い。イ
ンピーダンスは10 kΩ以下，可能であれば5 kΩ以下まで落とすことが望ま
しい。インピーダンスが低いほど被験者の感じる痛みは少なくなる。

• ネット状のキャップを刺激電極の上から頭に被せ，その上からバンドで固定
することで，長時間の実験や動きを伴う実験でも電極位置がずれることを防
ぐことができる。水泳帽は密閉性が高いため，発汗により電極間が導通する
リスクがある。

3.10 経頭蓋磁気刺激

3.10.1 経頭蓋磁気刺激の概要

経頭蓋磁気刺激（**TMS**, transcranial magnetic stimulation）は非侵襲的にヒトの中枢神経や末梢神経を刺激する手段として，1985 年に英国の Anthony Barker ら[251]によって発明された刺激方法である。大容量のコンデンサに蓄電し，頭部表面上に置いたコイルに対して急速（100 ～ 数百 µs）に放電して急激な変動磁場（1.5 ～ 2.5 T 程度）を発生させる。このとき，コイルの平面に直交するように磁場が生まれ，この磁場は生体組織で減衰することなく頭蓋骨の下の脳組織に到達する。ファラデーの電磁誘導の法則によって，コイルに流した電流が作る磁場とは逆方向の磁場を生じるように同心円状の渦電流がコイル直下の脳に誘導される（**図 3.36**）。この渦電流が大脳皮質の錐体細胞・介在細胞や軸索を刺激すると考えられている。TMS の利点は，非侵襲でかつ高い時間分解能で一時的に脳機能に干渉できることである。そのため，ヒトを対象とした基礎神経科学分野の研究だけでなく，パーキンソン病やうつ病の治療，脳梗塞後の機能回復用途といった臨床応用に至るまで幅広く利用されている。

TMS は当初，四肢（の神経）あるいは脳の運動野（一次運動野）を直接刺

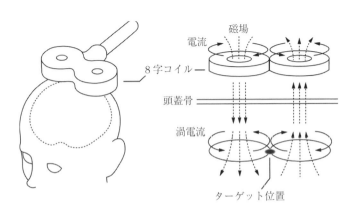

図 3.36 TMS 印加の例と 8 字コイルと渦電流パターン

激して誘発される運動反応あるいは誘発筋電図を記録して，運動神経の機能を検査するために開発された[266]。このときの筋電位を**運動誘発電位**（**MEP**, motor evoked potentials）と呼ぶ。

開発当初のコイルは内径が8〜12 cmの円形であったが，コイルに流れる電流によって発生する磁束密度はコイルの縁に近づくほど大きく，コイルの中心ではゼロになるため，脳の広い範囲を刺激することになる。そのため，局所的な刺激が困難となることが課題であった。その後，コイルを8の字型にして2つの円形コイルに同時に逆方向に電流を流し，コイルの接合部（つまり2円の接点部分）直下が最も強く刺激される8字コイル（figure-of-eight coils）を用いることにより局所的な刺激が可能となった[267],[268]。接合部では同じ方向に電流が流れる（つまり2円の接点部分の接線方向）が，それ以外では2つのコイルが作り出す磁場が相殺されるため，誘導電流はほぼゼロとなり，局所的な刺激を実現している。局所刺激の空間分解能は5〜10 mm，深さは5 cmまでとされている。

この他に，2つの円形コイルが約90°をなすように接した形で，頭部の形状に適合し，より深部への刺激を可能としたダブルコーンコイル（双円錐型，double-cone coils）がある。現状，円形コイル，8字コイル，ダブルコーンコイルが最も普及している（**図3.37**）が，この他にもさまざまな形状のコイルが，刺激の局所性や深部到達性を高めるために用いられている[269]〜[271]。

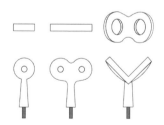

図3.37　経頭蓋磁気刺激法で用いられる刺激コイルの例（左から円形，8字，ダブルコーン）

1950年代にカナダの脳外科医のWilder Penfieldはてんかん患者の脳外科の手術部位の決定の際に，直接脳を電気刺激し，患者の反応や言語報告から運動野や体性感覚野と体部位との対応関係（機能局在）を調べたが[272]，TMSによ

り Penfield が行った実験を非侵襲的に行うことが可能になった。臨床医学においては，運動野への刺激と MEP の潜時の差から算出される皮質内での伝達時間が診断に用いられている。MEP の潜時は脳卒中などで随意運動を司る経路に障害が生じると潜時が長くなったり，消失したりする。

TMS は運動を誘発するだけでなく，磁気刺激が感覚刺激の提示直後や特定のタスクの遂行中に与えられると，刺激した部位やタイミングに応じて特定の知覚や運動が抑制されることが報告されている [273]~[276]。そのため，通常の脳情報処理を磁気刺激によって一過的に遮断し，健常者の脳に可逆的な「ノックアウト領域」をバーチャルに作り，その部位の機能を調べる（virtual lesioning）といった認知神経科学的方法として広く使われるようになった。

TMS で脳を効率よく刺激するためには，コイルをできるだけ頭皮に密着させればよい。ただし，変動磁場による誘導電流であるから，コイルに近い脳の表面がより強く刺激され，脳の深部だけを選択的に刺激することはできない。

3.10.2 刺激部位の同定

刺激部位の同定方法としては，体表解剖学に基づく方法（国際 10-20 法など），MEP に基づいて同定する方法，ニューロナビゲーションシステムを用いる方法などがある。

体表解剖学に基づく方法では，国際脳波規格法に基づいて鼻根点（nasion）と外後頭隆起（inion）を結ぶ線の中点および両側の耳介前点を結ぶ線の中点から頭蓋頂（vertex，10-20 法の Cz）を定め，それを基準に決定する方法が用いられることが多い。

MEP に基づく方法では，運動野の手の領域（motor point）を同定し，それを基準として刺激点を決定する方法がとられる（**図 3.38**）。この方法では TMS に対する明示的な反応が確認できることから，収縮した筋に対する運動野の機能マッピングはより正確であるといえる。例えば，この点を基準に 2 cm 後方を体性感覚野（primary somatosensory cortex），5 cm 前方を前頭前野背外側部（dorsolateral prefrontal cortex）などとして決定する。この方式で

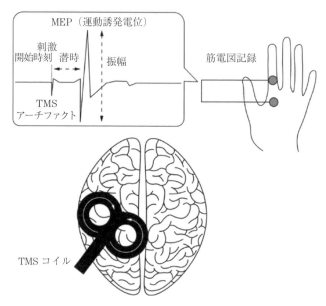

図3.38　経頭蓋磁気刺激法による運動誘発電位（MEP）の例。頭頂部から4〜5cm側方, 0〜1cm前方が手の領域のおおよその位置。

は頭蓋や脳の形状の個人差の問題が残るものの, 慣例的に用いられている。ニューロナビゲーションシステムでは, 事前にMRIで撮影した頭部の断面写真とモーションキャプチャとを連携させ, 頭部とコイルの相対的位置関係から刺激位置を推定する方法である。この方法では頭蓋や脳の形状の個人差の問題を解消できる。

　TMSの刺激場所をわかりやすくするために脳波キャップやスイミングキャップを実験参加者にかぶってもらい, キャップや頭皮にペンで刺激位置を記す場合もある。刺激コイルはフレキシブルアームや多関節ロボットアームに取り付けて固定するか, あるいは実験遂行者が手持ちで固定する。

3.10.3　刺　激　強　度

　TMSによって脳組織に誘起される電流は, 誘起電力やコイルから脳組織までの距離によって変化する。そのため, 刺激強度の基準が必要となる。MEP

は皮質興奮性を反映しており，その振幅は TMS のパルスによって活性化される運動ニューロンの数を反映している。

　前述のような方法で刺激場所を決定した後に，MEP を誘発する運動閾値（motor threshold）を決定する。代表的な運動閾値は次の 2 つである。1 つは安静時に，50％の確率でごく小さい運動誘発反応（約 50 μV）を生じさせる最小の刺激強度（**安静時運動閾値**，resting motor threshold）である。もう 1 つは安静時運動閾値の代わりに等尺性筋収縮中に 50％の確率で運動誘発反応（約 200 μV）が出る強度（**微弱筋収縮時閾値**，active motor threshold）である。これらの閾値は刺激強度を決めるための重要な指標である。また，運動閾値ではなく，装置とコイルの組合せから再現可能な場合には，装置の出力の％値を表記して刺激強度とすることもある。

3.10.4　相 関 と 因 果

　認知神経科学的方法において TMS の重要な特徴は，他の計測法が特定の知覚・行動と脳活動との相関関係（correlation）を示すに留まるのに対して，因果関係（causation）にまで踏み込むことが可能なことである[277]。fMRI などの非侵襲的な脳機能計測法によって，実験参加者が特定の課題を行っている際に活動する脳領域は計測できる。しかし，これは当該脳領域が実際にその課題の遂行と関連していることを示したに過ぎない。これに対して，TMS は一時的に脳領域をノックアウトするため，そのタスクに支障が生じるかを調べることで「結果」につながる「原因」を直接的に特定することが可能になる。

　もう 1 つの重要な特徴は，末梢の感覚器官を経由せずに特定の大脳皮質を直接刺激できることである。例えば，末梢の網膜上の視細胞を経由せずに視知覚を形成できるため，網膜の時間的特性や残像に影響されない視知覚を非侵襲で引き起こすことが可能である。

3.10.5　刺激方法の種類

TMS は提示されるパルス数によって単発（single-pulse）および二連発

(double-pulse, paired-pulse) と，反復 (repetitive) に分けられる。単発刺激では，1 発の TMS による磁気刺激で，例えば運動野への刺激によって MEP を計測する，視覚野への刺激によって眼内閃光を誘発する，といった用途で用いられる。二連発刺激では，一般に 2 台の磁気刺激装置を結合して，1 つの刺激コイルから 2 発の磁気刺激を提示する。それぞれの刺激間の時間 (ISI, interstimulus interval) を変化させることで効果が異なる。例えば，運動野における二連発磁気刺激では ISI が 1 ～ 5 ms の場合，2 発目の MEP は単発のときと比べて抑制され，ISI が 10 ～ 25 ms の場合，MEP の振幅が増大される[281]。前者は short-interval intracortical inhibition，後者は intracortical facilitation と呼ばれている。二連発刺激は，この他に 2 つのコイルを異なる 2 箇所の部位に置き，刺激部位間の相互作用を調べる用途に用いられることがある (double-coil paired-pulse TMS)。

　反復 TMS は 3 発以上が周期的に高頻度で提示される TMS を指し，**rTMS** (repetitive transcranial magnetic stimulation) や高頻度連続磁気刺激とも呼ばれる。rTMS は頻度に応じて 1 Hz 以下のものが低頻度 rTMS，1 Hz を越えるものが高頻度 rTMS と分類され，前者は抑制性，後者は興奮性を増大させる。さらに数分間の rTMS によって皮質の興奮性が変化し，その変化が刺激中だけでなく刺激後も持続することが報告されている。一般に rTMS は単発や二連発とは異なり，うつ病をはじめとする病気の治療に使用され，医師が行うものとされている。この分野は 2021 年現在も発展途上である。

　近年，治療として広く用いられるようになった**シータバースト刺激法** (TBS, theta burst stimulation) も rTMS の一種である。50 Hz の 3 連発刺激を 5 Hz (時間間隔 200 ms) で与える方法で，5 Hz が脳波のシータ帯域であることからそのように呼ばれている。反復 4 連発磁気刺激法 (QPS, quadripulse stimulation) も同様に rTMS の 1 つで，4 連発を 5 秒ごとに 30 分間与えるものである。いずれも効果の持続期間が長いことが特徴である。

3.10.6 ▎ VR における TMS の利用例

痛み，恐怖症，PTSD，摂食障害などに対して「VR セラピー」と呼ばれる VR 技術を使った認知行動療法がリハビリテーションにおいて注目を集めるようになっている。特に曝露療法では有効にはたらくことが報告されている。TMS や TCS（3.9 節）などの非侵襲脳刺激方法は神経精神疾患の治療で用いられてきたこともあり，VR と組み合わせた例も近年報告されるようになっている。特に，それぞれの技術だけではなしえなかった効果が VR と非侵襲脳刺激方法との組合せによって実現できることが報告されている[292]~[294]。

VR 空間などを使い，視覚と体性感覚が衝突するような状況を作り出すことで，自己と身体を人工的に分離させる体外離脱体験（OBE, out-of-body experience）についての研究が行われてきた[282]。この OBE 研究において右側頭頂葉接合部（rTPJ, right temporo-parietal junction）の寄与を確かめるため，磁気刺激[265]を用いた研究が報告されている。OBE 研究では上方から自分を見下ろす自分自身を想像した実験参加者の TPJ が活性化することが脳波計測から明らかになっている。単発 TMS の提示によって，意識と身体との空間的統一感覚を担う TPJ が干渉され，OBE が発現する可能性が示唆されている。

また，ラバーハンドイリュージョン（**RHI**, rubber hand illusion）は，視覚・触覚などの多感覚の刺激によってダミーの手が自分の手であるかのような錯覚を引き起こす現象である。RHI が生じるような刺激を与える際に，顔以外の体の部位を知覚する脳の領域である体外領域（left EBA）に 1 Hz の rTMS を提示すると，自分の手の位置がダミーの手のほうにより大きくずれて誤認された。この手の位置感覚のずれた量は RHI の行動計測値として用いられ，EBA が RHI とそれに続く身体表現に関与しているという因果関係を示すものである[286]。さらに，左下頭頂葉（IPL[295]）および rTPJ[285]にも TMS を印加することで，RHI の行動計測値を変化させることに成功している。

RHI の生起に一般的に用いられる同期した触覚刺激や手の動きの観察の代わりに，VR 空間内にバーチャルな手を表示し，単発の TMS によって誘発される不随意の手の動き（twitch）をバーチャルな手に再現することでその手に対し

て RHI が生じることが報告されている[292]。非侵襲的な脳刺激を用いた錯覚的な身体化の例である。

また，高次の脳機能に対して rTMS が干渉することも確かめられており，例えば頭頂葉への rTMS によって健常者に一過性にエピソード記憶の消去[283]や半側空間無視[284]を実験的に引き起こすことが可能であることが報告されている。

3.10.7　TMS の安全性

TMS の安全性については単発か反復かの刺激方法によって異なって論じられている。当初はヒトの脳を刺激するということでその安全性がかなり問題とされたが，安全性の基準が明確になりガイドラインも整備されつつある。特に，単発刺激および二連発刺激については，健常者に痙攣（けいれん）などが生じることはなく，単発刺激による機能的副作用は認められていないことから安全性は確認されている。しかしながら，単発刺激であっても不測の事態に備えた体制で実験が遂行されることが推奨されている。日本臨床神経生理学会のガイドライン[287),288)]に則ること，rTMS などの反復刺激については国際的に認められたガイドライン[289)~292)]に従うことが望ましい。

〔1〕　実験前の説明

TMS を使った実験においても，ヒトを対象とした一般的な実験における注意事項と同様，実験遂行者の研究機関・施設の倫理審査委員会で検討されていることを実験参加者に十分説明し，インフォームド・コンセントが得られていることを前提とする。これに加えて，例えば次のような説明を行うことが必要である。

「磁気刺激の最大刺激時には，医療診断用検査として広く用いられている MRI（核磁気共鳴画像法）とほぼ同じくらいの強度である 2 T の磁場を，頭の上に置いたコイルから約 1000 T/s の変化率で与えます。この時，大きな音がしたり，自分の身体が少し動いたりしますが，心配はありません。これまでに，刺激後に頭痛，肩こり，疲労感などの報告例もありますが，いずれも 1 日以内

で消失しています。近年は，単発・二連発刺激ともに疾患の治療にも用いられており，重篤な副作用の報告はありません。」

〔2〕 TMSにおける一般的な問題点

TMSではコイルに電流が流れる際にコイルの巻線が引き合う。そのため，金属が衝突するクリック音や衝撃が発生するので，実験参加者に耳栓をすることが望ましい。また，コイルの下に脳波電極などの金属がある場合，その金属が熱をもち，長時間の刺激では火傷する恐れがある。そのため，脳波電極等が装着されて同時計測される際には電極の温度をチェックしながら検査を進める必要がある。

また，刺激後に集中力の低下を指摘する報告がある。この詳細については不明な点が多いものの，実験直後には自動車やバイクなどの運転は控えるよう伝達することが望ましい。

また，単発・二連発刺激のTMSのように安全性には問題ないとしても，刺激中や刺激直後にてんかん発作を偶然起こすことは否定できない。例えば，健常者であっても偶然その人がてんかんの未発症者である可能性もある。そのため，健常者でも熱性けいれんの既往や頭部外傷や脳外科手術の既往等について聴取しておく。脳内に金属が入っている患者，心臓ペースメーカーが入っている患者，小児，妊婦等は実験参加者から除く必要がある。喘息等のようなストレスで悪化する疾患の有無について聞いておくとよい。

〔3〕 刺 激 回 数

単発および二連発刺激の刺激回数については，例えば日本臨床神経生理学会の「磁気刺激法に関する委員会からのお知らせ」(2007年11月22日) では1週間に計5000回を上限としている。

rTMSでは，健常者でも刺激中にけいれんを起こした報告があることに注意し，最新の国際的な安全基準[289]~[291]に従って，その範囲内で用いることが望まれる。また，実験か治療で基準が異なるため，個々の研究機関で設置された倫理審査委員会による検討が望まれる。

3.10.8　TMS と TCS の比較

　3.9 節で解説した経頭蓋電気刺激（TCS, または TES）装置は，TMS に先行して開発されている[278]。TCS は TMS と同じように非侵襲で脳活動を操作でき，TMS より安価で，装置が小型で可搬性が高いことから注目を集めている。また，痙攣発作等の重篤な副作用の報告は現在のところない。ただし，TCS では電流が頭皮を通過する際に痛覚受容器を刺激するため，刺激時に痛みを伴う場合がある。それに対して，TMS の磁気刺激では磁束が電気的抵抗の高い頭蓋骨を通過しておもに抵抗の低い脳で誘導電流が流れるため，パルス状の電流を流す際にたたかれたような衝撃が発生するものの，痛みは生じない。

　また，TMS と TCS では大脳皮質を流れる電流の向きが異なる（図 3.39）。TCS では大脳皮質に垂直方向に流れるのに対し，TMS で生じる渦電流は大脳皮質の浅層部に平行な方向に流れる。また，一次運動野の刺激による MEP を比較すると，TCS のほうが TMS による MEP より 1 〜 3 ms 程度短い[264]。この潜時の差は大脳皮質における刺激部位の違いによって説明されている。

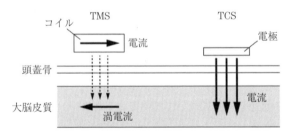

図 3.39　TMS と TCS の作用の差。TMS はコイルと平行な面に電流が流れ，TCS は電極からほぼ垂直に電流が流れる。

　TCS の刺激領域の空間解像度は TMS よりも低い。TCS の標準的な電極は前述のようにやや大きく，頭部の電流分布モデルなどのシミュレーション結果では脳の表面の広範囲に電流が広がることが示されている。また，TCS の時間解像度も TMS よりも低く，前者は秒オーダーあるいは分オーダー，後者はミリ秒オーダーとなる。刺激後にただちにニューロンに影響を与えるような実験においては TMS が適している。それぞれの長所や効用の差を考慮し，刺激の

焦点領域に求められる精度や刺激に対する時間的特性に応じて使い分けることがよい。

3.11 漿液分泌に影響を与える電気刺激

3.11.1 効果器としての漿液分泌腺

人間には視覚や聴覚，味覚をはじめとするさまざまな感覚器が存在する。感覚器が外界にある物理現象を身体に取り込むためのいわば身体への入力器官であるが，人間が世界に働きかけるための，いわば出力器官というべきものが**効果器**である。

効果器として人間に備わっているものとしては，筋肉や分泌腺がある。筋肉は筋線維の収縮によって力を出力する，**機械効果器**である。一方で，唾液腺や涙腺などの分泌系の効果器は**化学効果器**と呼ばれ，唾液や涙などの化学物質を体外に排出する。これらの身体の分泌の中でも，唾液や涙，汗などの粘性の低いものは**漿液**と呼ばれる。

筋肉の活動を調整する神経刺激インタフェースについては，本書ですでに解説している。このため，本節では唾液腺ならびに涙腺への電気刺激の働きを調整する神経刺激について述べる。

3.11.2 唾液腺への電気刺激

唾液は口腔内にて分泌される漿液であり，その人体に及ぼす効果は多岐にわたる。下記は唾液のもつ身体への効果である[296)〜298)]。

1. 口腔内の衛生維持・増進
2. 消化・嚥下の円滑化，食塊形成
3. 味覚受容のための化学物質の溶解
4. 発話の円滑化

上述のように，唾液にはさまざまな効果があるため，唾液分泌を調整するインタフェースが開発されれば，人の支援や食体験の拡張，ヘルス分野での応用

などさまざまな効果が期待される。

　例えば，食体験の拡張では，神経刺激によって唾液分泌を増加させながら食事をさせることで，食べ物のしっとり感や口あたりを変えられる可能性がある。また，ヘルス分野では虫歯や口臭の防止や，誤嚥防止への効果なども期待されるだろう。

〔1〕　**唾液の分泌の仕組みと唾液腺**

　唾液の分泌は唾液腺で行われるが，唾液腺はその大きさで大唾液腺と小唾液腺に大別される。大唾液腺は**図3.40**に示すように唾液腺の位置によって耳下腺，顎下腺，舌下腺の3つに分けられる。この全唾液の95％の分泌を大唾液腺が担っている。また，唾液は分泌時の状態によって安静時唾液と刺激時唾液の2つに分けることができる。安静時唾液は味覚や咀嚼による機械的刺激のない状態で分泌されたものである。一方で刺激時唾液はそれらの刺激のある状態で分泌された唾液である。

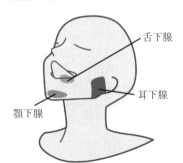

舌下腺

耳下腺

顎下腺

図3.40　唾液腺の
位置と名称

　この2つの唾液によって，前唾液における各唾液腺の分泌の割合が異なる[299]。**表3.5**は各唾液腺の唾液分泌への寄与率を示している。この表から，唾液の多くは耳下腺や顎下腺から分泌されることがわかる。

表3.5　唾液の種類における各唾液腺の唾液分泌への寄与率[299]

	耳下腺	顎下腺	舌下腺	小唾液腺
安静時唾液	25％	60％	7-8％	7-8％
刺激時唾液	50％	35％	7-8％	7-8％

唾液分泌の機能を調整する神経刺激手法としては，電気刺激のほかに，薬剤を利用した方法や鍼（はり）を利用した方法などが挙げられる。これから薬剤と鍼を利用した方法の概要を解説した後，電気刺激を利用した方法について解説する。

〔2〕 **薬剤ならびに鍼を利用した唾液分泌機能の調整手法**

ドライマウス等の口腔乾燥が症状として現れる疾病は複数ある。この疾病の対処方法としては，薬剤を服用するという方法がある。渡部らは塩酸ピロカルピンを健康な被験者に服用させ，服用の前後での唾液分泌量の変化を検証した[300]。その結果，薬剤の服用後，経時的に唾液分泌量が変化し，服用後 45 分後に最大となり，分泌量は 1.326 ml/min となり服用前の唾液量の約 4.3 倍となることが示された。

鍼治療は皮膚から金属鍼を刺入し，治療や症状の緩和などを図る手法のことである。Dawidson らは健常な被験者に対して，複数の位置に鍼を刺入した際の唾液分泌量を計測した。この実験では唾液分泌について（ⅰ）口に何も含まない条件，（ⅱ）パラフィンワックスを咀嚼する条件，（ⅲ）1％クエン酸水溶液を口腔に含む条件の 3 つの条件で実施し，施術前・施術中・施術後のそれぞれ 20 分間の唾液を採取した[301]。その結果，口腔内に何も含まない条件において約 30％の唾液分泌の増加がみられた。

これらの結果から，薬剤を服用する方法は効果量が非常に高いものの，効果が表れるまでに時間がかかる。鍼治療に関しては金属鍼を身体に刺入するため侵襲性が高く，バーチャルリアリティやヒューマンコンピュータインタラクション等における神経刺激インタフェースとしての利用が困難であると考えられる。

〔3〕 **経皮電気刺激を利用した唾液分泌機能の調整手法**

ドライマウス等の鍼を利用した手法や薬剤を服用する手法については効果はあるものの，上述のとおりインタフェースとしての利用は困難である。これに対して，皮膚上に貼り付けた電極から電流を印加することで，唾液腺やその支配神経を刺激し，唾液分泌機能を調整する刺激手法に関する研究が実施されている。

　ここまで解説してきたとおり，経皮電気刺激による刺激は時間応答性が高く，刺激開始直後からさまざまな効果がみられる。このため，唾液分泌機能の調整手法においても即時性が期待できると考えられる。

　Jagdhari ら [297] は唾液分泌の減少した被験者 30 名に対し，耳下腺上に設置した電極から，周波数 50 Hz，パルス幅 250 µs の刺激を 5 分間与えたところ，安静時唾液量が 30％増加した。この唾液量の増加は耳下腺の支配神経である耳介側頭神経が電流によって刺激されたためであると考えられている。

　Aggarwal ら [298] は健常な被験者に対して，耳下腺上に設置した電極からパルス幅 100-150 µs，周波数 100 Hz で刺激を行った。その結果，安静時唾液量が約 13％増加したことを示している。

　上述の 2 つの研究において，耳下腺を対象とした刺激手法によって 5 分間の刺激を適用すると刺激後 5 分間の安静時唾液の分泌量が増加することから，経皮電気刺激によって唾液分泌機能を増強することができることが示された。

　一方で，これらの刺激は耳下腺のみを対象とした刺激であるため，他の唾液腺を含めた神経刺激によってより高い効果量と即効性を期待できると考えられる。Takahashi らは耳下腺と顎下腺，耳下腺の支配神経を狙った刺激手法を開発した（**図 3.41**）。

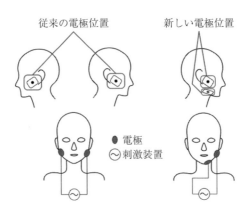

従来の電極位置　　　新しい電極位置

● 電極
〜 刺激装置

図 3.41　耳下腺を対象とした刺激と 3 つの唾液腺と
その支配神経を狙った刺激 [302]

この電極配置と前述の耳下腺上に電極を配置する刺激において，5 Hz，50 Hz の方形波交流電流を 1 分間印加した時の電流印加時の唾液量を比較した[302]。その結果，いずれの刺激でも唾液分泌量の増加は見られ，3 つの唾液腺すべてを対象とした刺激配置のほうが唾液分泌量の増加が大きいことが示された。

一方で，これらの刺激は安静時よりも唾液量が高いものの，その手法によってもたらされる唾液分泌量の増加が，量的・質的に食の体験や味覚，発話や嚥下，心理状態などに有用な効果を及ぼしうるかどうかは引き続き検証が必要である。また，この効果が唾液腺やその支配神経への刺激に起因するものなのか，あるいは電気刺激によって惹起された味覚などの他の感覚による反射に起因するのかは，現時点ではわからない。

3.11.3　涙の分泌を調整する電気刺激

涙は眼球周辺において生理的・衛生的に重要な役割を担っている。涙の分泌は主として涙腺と呼ばれる漿液分泌腺が担っている。

涙の分泌を促進あるいは抑制させる刺激手法に関しては現状では侵襲的なものが主流である。Brinton らは埋め込み型電気刺激装置を用いて，涙腺と神経を微弱な電気刺激によって刺激して，涙液の分泌を促進する刺激手法を提案している[303]。この研究では，ウサギに対して埋め込みの手術を実施することで，その刺激の効果を動物実験によって評価している。その結果，埋め込み型の刺激装置を利用することで，電気刺激による涙分泌量の増加が確認された。また，彼らは 2017 年に鼻腔から前篩骨神経を刺激することで，涙の分泌を促すことを確認している[304]。さらに，2019 年には涙腺周辺への刺激と前篩骨神経への刺激の効果を比較する研究を実施している[305]。これらの動物実験にて実施された手術を伴うものではないが，Friedman らはドライアイ患者を対象に鼻腔に電流を印加する装置によって，ドライアイの症状が緩和されることを示している[306]。

第4章 電気刺激の安全性

神経刺激インタフェース

4.1 電気入力の安全性

　神経を刺激し，何らかの人工的な作用を発生させ，それをヒューマンコンピュータインタラクション（HCI, human-computer interaction）やバーチャルリアリティ（VR）の分野に応用する取組みは，さまざまな手法や目的のために実践されてきている。その中でも手法の取扱いやすさなどの観点から電気を用いた神経刺激手法が盛んに研究されてきている。電気刺激を行う場合，人体に対して人工的に外部から電気が入力されることになる。しかし，こうした人体に対する電気入力については一般に教育や経験の過程によって危険性を想起したり，恐怖心をあおってしまったりすることが考えられる。実際に，人体は電気入力によって心室細動など重度の被害を受ける可能性がある。そのために，VR 分野において電気刺激を用いた研究を行う際は，その安全性について十分に理解し，実験における事故のリスクを抑制しなければならない。

　しかし，**電気安全**を考えるための知識はさまざまな分野にまたがっており，複雑である。工学，生理学，医学などの複数分野の知識や知見が必要であり，それを包括的に理解することは難しい。こうした難しさが神経刺激・電気刺激の初学者が当該研究に挑戦するハードルを上げてしまっている可能性があると同時に，研究そのものの社会的受容性にも影響がある。そこで本章では，電気刺激を用いた VR 研究を実践するうえで養っておくとよい知識や知見を紹介し，安全に実験を進めるための設計や留意事項をまとめる。実際に使用される

電気の種類は電力量や信号の種類など多様であるため，定量値のみならず，安全に関するアプローチや考え方についても議論する。どのような種類の電気を安全に体に流すことができるのか？　またそこにはどのような危険性があり，どのような形で危険になるのか？　これらの疑問を解消すべく具体的な情報を記していく。なお，本書では電気刺激以外の神経刺激手法についても紹介しているが，本章ではその中でも相対的に取扱いがしやすい電気刺激のみにフォーカスする。また，ここでは電磁波や電波の伝搬ではなく，おもに 110 MHz 以下の信号の現象に焦点を当て，特に電流や電位の影響を考慮して「電気」という用語を用いるものとする。

4.1.1　電気入力の種類

　VR 分野において身体に電気入力する研究手法はさまざまであり，刺激作用を伴うものに限らず，直接的な神経刺激作用を発生させることなく入力が行われる場合もある。代表的な応用例を**図 4.1** に示す。ここでは刺激作用を伴わない応用としてセンシング技術，通信技術を挙げており，また刺激作用を伴うものとして筋肉を動かすことで身体的な動作を制御するものと神経刺激を介して人間の知覚作用に働きかけるものに分けた。

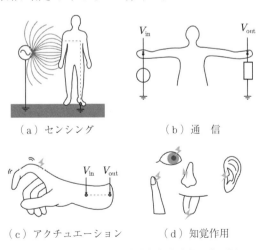

（a）センシング　　　　　（b）通　信

（c）アクチュエーション　　　（d）知覚作用

図 4.1　人体に電気入力を行う代表的な応用例

（a）　センシング：人体やジェスチャを認識するための応用。外部の電力源からその振る舞いを観察するために入力が行われる。

（b）　通信：人体が導線かのような役割を果たす。電力や信号が身体の複数の点を介して入出力がなされる。

（c）　アクチュエーション：人体の筋肉などを駆動させ，身体動作を生成する。特定の身体部位に電力や信号が入力される。

（d）　知覚作用：人体の神経や器官を駆動・刺激する。特定の身体部位に電力や信号が入力される。

神経刺激を行う際に用いられる基本的な回路モデルは**図4.2**（e），（f）で

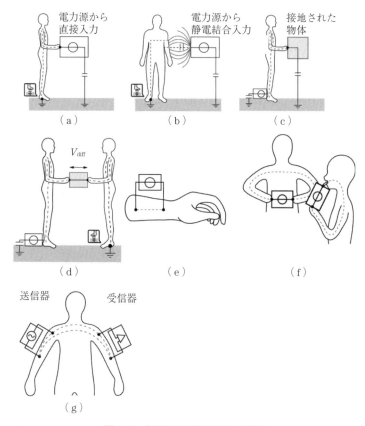

図4.2　典型的な回路モデルの種類

あるが，電気安全を議論するうえでも，その他の回路モデルが用いられる場合もあることを留意しておいてもらいたい。

(a) 人体に電力や信号が外部の電力源から直接的に入力され，人体が安定したグラウンドとしての役割を果たす。

(b) 人体に電力や信号が外部の電力源から静電結合で入力され，人体が安定したグラウンドやアンテナのような役割を果たす。

(c) 人体に直接的に信号が入力され，外部の別媒体に対してユーザの直接的な接触によって通信が行われる。人体は導線のような役割を果たす。

(d) 第三のユーザから直接的にユーザに信号が通信することによって，媒体に対して電位差 (V_{diff}) を生む。人体は導線とグラウンドの役割を果たす。

(e) 特定の身体部位に対して信号が電極を介して入力される。入力源とペアとなる電極は，同じまたは近い身体部位に装着される。人体は導線のような役割を果たし，特定の筋肉や神経を刺激することを可能にする。

(f) 人体に対して直接的に信号が入力され，人体を別の部位を経由する形でその人体の中で閉回路が形成される。人体は通信のための導線のような役割を果たしたり，特定の神経を刺激可能にしたりする。

(g) 人体に外部の電力源から信号が入力される。人体は導線の役割を果たし，受信機に通信を行う（流電結合）。

4.1.2　電気入力の危険性

身体に対する電気入力を行う応用についての安全性ということに触れてきたが，まずは安全に取り扱わない場合にどのような危険性が考えられるか取り上げていく。

電気安全について適切な取扱いを怠ると発生しうるリスクとしてはおもに**感電**と**やけど**が挙げられる。感電には，マクロショックとミクロショックの2種類がある[1]。ミクロショックは，心臓に直接電流を流すことによる場合を指し，体内で発生する。これはマクロショックに必要な電流量よりもはるかに低い閾値で発生し，100 μA 程度で発生する。しかし，ミクロショックは心臓に直接

刺激を与えるようなものであるため，一般にVRやHCI分野の研究では，発生しないものであると考えてよいだろう。一方，これらの分野の研究者にとって重要なのは，皮膚を介して電気を流すことで発生しうるマクロショックのリスクを理解することである。一般的にマクロショックには3つのレベルがあるとされている。第1のレベルは知覚の閾値であり，この閾値以上の信号は人間に知覚されるが，必ずしも深刻な健康リスクをもたらすものではない（不快感が生じる程度である）。VR研究についてはこの一般にこの閾値以下に留まる。第2のレベルでは，閾値を超えたときに身体が麻痺し，第三者等の助けなしに発生源から離脱することが困難となる。第3のレベルは最も深刻であり，この閾値以上の接触は心室細動につながるだけでなく，窒息，呼吸停止，不整脈等の可能性が生じる[2]。

　電気は抵抗を通電することでジュール熱が発生する。これは$H = I^2 Rt$（Hはジュールで表される熱〔J〕，Iは電流〔A〕，Rは抵抗〔Ω〕，tは時間〔s〕）で表すことができる。したがって，電気が皮膚や身体を通過するとジュール熱が発生し，それが過度になると火傷の危険性を伴うことになる[3]。火傷によって潰瘍や凝固壊死，電撃痕などの健康被害が出る可能性がある。たんぱく質は60℃を超えることによって変性することが知られており[4],[5]，また低温であっても，それが継続的なものであれば低温火傷の危険性がある[6]。

▮4.1.3▮　電流による影響

国際電気標準会議（IEC）[7]によると，感電のリスクを考える上で最も重要なのは身体に流れる電流量であるとされている。15〜100 Hzの交流信号下（一般的な商用電源の範囲[8]）では，人間は0.5 mA以下の電流を知覚しないとされている。実際に，10 mAまでの電流が人間に重大な損害を与えることはほとんどない。しかし，0.5〜10 mAの電流は知覚可能である。一方で，これらに対してはこれまでにも異なる閾値も報告されている。例えば，60 Hzでは0.2 mA[2]が知覚の閾値であるとの報告もある。また0.5 mAが**驚愕反応**の発生の閾値とされている。さらにEales[9]は，知覚の閾値が0.1 mA以上であると

述べている。性別など個人の特性によって閾値の値が異なることが知られており，より確実に安全を確保するためには十分な補正値を取り入れる必要がある。一方で，知覚可能な電流量はその周波数条件によって変化することも知られている。Dalziel [10] は知覚がなされる電流量は周波数が高くなるほど上昇することを報告している。そのため，より大きな電流を流す場合は，高い周波数の交流信号を使用すると知覚作用を抑制することができる。**表 4.1** は，さまざまな周波数条件下での安全性を考慮すべき電流値を示している。

表 4.1 ICNIRP ガイドライン [19] による導体からの
時間変化する接触電流の参考レベル

ばく露特性	周波数範囲	最大接触電流〔mA〕*
職業的ばく露	2.5 kHz まで	1.0
	2.5 kHz-100 kHz	$0.4f$
	100 kHz-100 MHz	40
公衆ばく露	2.5 kHz まで	0.5
	2.5 kHz-100 kHz	$0.2f$
	100 kHz-100 MHz	20

*f は kHz で表される周波数

　高周波数の電気信号は，安全に使用するための電流値の閾値が高くなる傾向にあるが，直流の安全基準はまた異なる。IEC 60479-1 によれば，直流の場合の知覚閾値は 2 mA であるが，知覚作用が発生するのは電気入力の始点と終点のみであるとされている。また 300 mA 以下では自力離脱ができないことは基本的にないと考えられる [11]。**心室細動**に陥るリスクについては，直流は交流の約 4 倍の電流量が必要であり，直流よりも交流のほうが危険である。しかし，Prasad ら [12] が述べているように，ヒリヒリ感を感じる閾値は 1 mA である。そのため，交流電力と同様に，直流電力もオフセット値を考慮する必要はあるだろう。一方で，交流に直流特性が含まれる場合には，その最大振幅値と持続時間を考慮する必要がある [7],[11]。心臓の拍動周期を超える持続時間では，電流の波形特性は無視することができる。

4.1.4　電圧による影響

　人体に対する感電リスクを考えるうえで最も重要なのは電流量である。一方で，電圧と電流の関係を元に，電圧を変化させて電流を調整することが有用な場合もある。一般に人体のインピーダンスは変化し，多くの要素の影響を受けるので正確な値を見積もることは難しい。そのため，安全基準については一般的な状況を想定した推定値に基づいている。IEC 61200[13]によると，一般合意されている連続的に接触する際に許容される電圧は 50 V とされている[14]。

　人体のインピーダンスは，特に高圧電圧を扱う場合に考慮すべき重要な要素となる。皮膚のインピーダンスは，絶縁破壊が起こると無視できる。これが発生する条件についてはさまざまな報告がある。例えば，Grimnes[15]は 300-500 V，Mason らは[16]600 V，Yamamoto らは[17]450 V という数値を挙げている。これらの値は，異なる条件で測定されたものであると思われるが，このことからも正確な値を示すことは困難であることが明らかである。

　一方で，高圧電圧を使用すると，皮膚への放電に伴う痛みや火傷の可能性もある。これは，高圧の電極を皮膚から小さな隙間を空けた場合に発生することがある。Reilly[18]は，330 V 以上の電圧で刺激が知覚されると報告している。こうしたリスクを考慮し，電極を皮膚にしっかりと貼り付けた後に電源を入れる，電源を入れている間に電極を剥がさないなどの工夫を行う必要がある。

4.1.5　周波数による影響

　電気信号の周波数は，電流値の安全閾値に大きく影響する。上述したように，人体に危害を及ぼす可能性のある安全な電流値以上の値は，周波数が高いほど高くなる。しかし，周波数の条件によって影響は異なる。

（1）100 kHz までの周波数帯　　低周波の交流信号は感電の原因となりやすく，特に 100 Hz までの信号の場合，許容電流は**図 4.3**のようになる。一般的に，多くの研究で閾値とされている値は 0.5 mA である。一方で，Dalziel[10]は，高周波では閾値が高くなることを報告している。国際非電離放射線防護委員会（ICNIRP）のガイドラインには，基準レベルの計算式が記載されている。

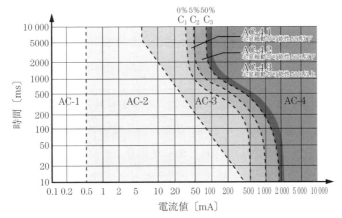

AC-1：通常，反応なし
AC-2：通常，有害な生理学的影響なし
AC-3：筋肉収縮など，回復可能な障害あり
AC-4：心室細動を含む，重度な生理学的影響の可能性あり

図 4.3　交流電流（15-100 Hz）が左手から足へと
通過した場合の人体反応[7]より再構成

考慮すべき電流値については，表 4.1 を参照。2.5 kHz までは最大 0.5 mA を推奨しており，2.5 ～ 100 kHz の周波数では，最大電流値は 0.2f で表される（f は周波数）。また複数の周波数からなる信号の場合は次式を適用する[19]。

$$\sum_{n=1\,\mathrm{Hz}}^{110\,\mathrm{MHz}} \frac{I_n}{I_{c,n}} \le 1 \tag{4.1}$$

ここで，I_n は周波数 n における接触電流値であり，$I_{c,n}$ は周波数 n における表 4.1 で示される接触電流の基準である。

（2）高周波信号　110 MHz までの高周波は，人体に感電や火傷の危険性がある。例えば，100 kHz ～ 1 MHz の周波数では，25 ～ 40 mA の電流知覚閾値が設定されている。**ICNIRP ガイドライン**では，接触電流の最大値を職業的暴露では 40 mA，公衆暴露では 100 kHz ～ 110 MHz で 20 mA としている（表 4.1）[19]。多重周波数の信号は，低周波と同様に式（4.1）[19]を用いて，各周波数の基準レベルに対する値の率の和を計算して扱う必要がある。

さらに，100 kHz から数 GHz の周波数では，1 ℃以上の温度上昇が見られる

ことが報告されている [20)～24)]。1-2℃以上の温度上昇は，熱疲労，熱中症 [25)]，および熱ストレス [26)]のような有害な健康影響をもたらす可能性がある。

4.1.6　時間による影響

　低周波の場合，数秒間の時間でも連続して電流を流すのは危険を伴う可能性がある。図 4.3 は，時間と電流値の影響を示している。例えば，10 mA の電流を流した場合，瞬間的には AC-2 の領域のリスクがあると考えられるが，2000 ms 以上流すと AC-3 のリスクを伴うこととなる。0.5 mA 以下の電流であれば感電することはないが，連続して体内を通過する場合は，それによる熱作用を考慮しておく必要がある。例えば，電気的筋刺激の場合，連続使用による低温熱傷が報告されており，電極からの影響も検討されている [27),28)]。Suzuki ら [6)]は，ラットを用いた研究で，皮膚を連続的に温めると 38℃程度でも火傷を起こすことを報告している。

　図 4.3 は 10 ms 以上の電流を扱う場合に利用することができる。それより短い場合は，1000 mA までの電流であれば，心室細動のリスクは低いとされている（5%以下の可能性）[29)]。さらに，電気がパルス入力される場合は，追加で考慮すべき点が生じる。300 ms より大きい間隔を有するパルスについては，それらは非反復の独立であるパルスであるかのように考慮することができる。一方，間隔が 300 ms 未満のパルスは心室細動のリスクが高まる。IEC 60479-2 [29)]によると，7 回目の電流パルスの心室細動の閾値は，1 回目の電流パルスの閾値よりも 10%かそれ以下であるとされている。つまり，反復パルス（間隔が 300 ms 以下のパルス）を連続して入力すると，より危険性が高くなることを意味する。

4.1.7　経路と身体部位

　電気が身体を通過することにより発生するリスクは，その経路によっても異なる。IEC 60479-1 では，左手から足先までの**電流経路**の値を基準に係数を定義しており，図 4.3 [7),11),30)]のように定められている。左手から足までの電流経

路以外の電流経路の心室細動のリスクは，$I_x = I_r/F$ を用いて計算することがで
きる。この式では，心臓電流係数を F，与えられた経路の電流を I_x，基準電流
（左手から足までの電流）を I_r とする。**表 4.2** に，電流経路による心臓電流係
数の一覧を示す。

表 4.2　電流経路による心臓電流係数 [7]

電流経路	心臓電流係数 F
左手から左足，右足または両足へ	1.0
両手から両足	1.0
左手から右手	0.4
右手から左足，右足または両足へ	0.8
背中から右手	0.3
背中から左手	0.7
胸から右手	1.3
胸から左手	1.5
尻から左手，右手または両手	0.7
左足から右足	0.04

　直流の場合，電流が心臓を水平に通過すると心室細動が起こりにくい [11]。
また，電流が心臓を垂直に通過する場合には，極性が閾値に大きく影響する。
例えば，陰極が手に，陽極が足にある場合，心室細動の閾値は反対の場合に比
べて約 2 倍になる。
　安全のための電流の閾値は人体を通る経路に関連しており，心臓に直接影響
を与える経路はより危険な傾向があるように，体の部位によっては他の部位よ
りも敏感である（表 4.2）。

4.2　安全のために

4.2.1　設 計 指 針

安全性を議論する際は IEC や ICNIRP が参照されることが多く，研究者が実

験の安全性を議論するとき，これらのガイドラインは他の客観的な証拠に加えて引用されることが多い。その他にも例えば，Zimmerman[31]は，電磁両立性（EMC, electromagnetic compatibility）を考慮する際に，連邦通信委員会（FCC）[32]の基準を参照している。

　実際に研究者自身が安全性を考慮するときは，研究手法に対応する信号の種類などの使用される電気の特性を十分に理解し，適切な基準やガイドラインに従うことが重要である。各ガイドラインを細部まで参照しなくても，まずは自身の研究目的に近い技術や論文（関連する応用例）を参照することからはじめ，その次にそれが実際に使用しようとしている回路モデルと一致していることを確認し，最後に定量値を考察するという流れを実施するとよいだろう。

　具体的にどのような特性に着目し，実験の際にどのような注意していかなければならないのか。以下にいくつかの要点を示す。

　1）電流，周波数，電気の通る経路について総合的に考慮する必要がある。またこの際，電気が心臓を経由する場合は安全の基準がより厳しくなる。したがって，特段の理由がない限り，心臓を通過させないことが推奨される。

　2）身体に電気を流すことについては依然未知のリスクがある。特に長時間の暴露・通電については危険を伴う可能性がある。したがって，不必要に継続的な電気信号を印加しないことが推奨される。研究者や実務者がすぐに気が付くような害がなくても，潜在的なリスクが存在しうることは認識しておくべきである。既知と未知の両方のリスクがあることを理解しておく必要がある。

　3）けがや病気，痛みなど，使用者の健康状態については，研究者などが責任をもって把握しておかなければならない。人工的な電気信号が身体に印加されると，その信号が電子機器（ペースメーカーなど）に障害を与えたり，心臓の状態を悪化させたりする危険性がある。またその他皮膚の状態についても十分に注意する必要がある。

4.2.2　制　　　約

前述した指針は今後更新されていく可能性があることも留意すべきである。

これまで参照してきた IEC や ICNIRP などのガイドラインは数年ごとに更新されているため，本章の基盤となっている箇所が将来的に更新されていくことも予想される。また，これまでに公表されてきているガイドラインに対しても批判や考察が行われていることも留意してもらいたい[33]。したがって，本章で示した値はあくまでも参考値であり，不変的ではない。さらには人体への電気入力が影響を与えうる潜在的な懸念事項（例えば，発がんなどの健康リスク）についても，今後もさらなる研究の必要性があることを念頭に置いておく必要がある。特に長時間の曝露による影響については未知なものが多く，取扱いには十分に注意していく必要がある。

　非侵襲性の表面電極などによる電気刺激では一般に信号の種類に関わらず 0.5 mA を超えなければ深刻なリスクを負うことはほぼないといえる。身体の特定の部位に電気入力を行い，小さめの電極を用いて刺激を行う場合は 2 〜 3 mA 程度まで許容できることがある。さらに数 10 mA までの入力を行えるのは，筋刺激のような応用の場合で身体部位，信号の種類などが制限されている場合に限る。その他にも電流密度など，その他の指標による影響もあり，これらすべての安全基準を網羅的に理解し，利用することは難しい。本章で述べた内容を参考にしつつも，丁寧に実験を進めてもらうことを期待したい。より具体的な内容やさらなる議論については論文等で議論されているので他の文献も参照されたい[34],[35]。

　このように安全について考慮すべきことは多く，難しいと強調してきたが，一般的な非侵襲性の VR 等の研究分野で使われる電気刺激技術であれば重度なリスクを負うようなことはほとんどないと考えられる。電気刺激を用いた VR 研究は近年盛んに行われており，注目を浴びているため，より多くの人が必要以上に怖がらずに体験・研究を行えるようになることを期待する。

Virtual Reality Library

第5章　神経刺激の応用

神経刺激インタフェース

5.1　神経刺激の応用分野

　本章では，神経刺激の応用に焦点を当てる。すでに個々の電気刺激で解説した内容もあるが，神経刺激インタフェースの応用の全体像を把握するという目的のため，重複して解説している。

　神経刺激の応用分野としては大きく下記の4つの分野に分けられる。

1.　XR†（VR，AR，MR）技術への応用

2.　人間拡張・トレーニングへの応用

3.　医療・ヘルスケアへの応用

4.　美容への応用

　しかしながら，神経刺激インタフェースは分野を横断した技術であり，これらの応用は不可分な場合も多々ある。このため，ここでは大きく「XR技術ならびに人間拡張への応用」と「医療・ヘルスケア・美容への応用」とに分けて解説する。しかし，VRそのものが医療やヘルスケア分野で利用されることや，医療やヘルスケアの分野で利用されてきた技術をVR分野に応用することなどが多々ある。このため，名目的には上述の2つに分けるものの，それらは背反ではないことを承知しておいてほしい。

　神経刺激に限らず，すべての技術の社会応用は，解決したい課題や満たした

---

†　XR（extended reality, cross reality）という用語はVRやARなどの2文字目に「R」の付くものを総称するために造られた。

いニーズが実在することが前提となり，その上で常に他の技術と比較した際の優位性をもつことが求められる。これらの課題やニーズは時代とともに急速に変化しうるものであり，技術そのものが日進月歩であるため，ここで紹介する応用は一例として理解されたい。

5.2　XR 技術と人間拡張への応用

　本節では，XR 技術，人間拡張への応用について述べる。ある感覚をバーチャルに提示する手法として，感覚受容器へ物理的な刺激を与える物理刺激と，感覚器から脳へ繋がる神経を直接刺激する神経刺激が挙げられる。神経刺激が用いられる理由として，物理刺激と比較して，大掛かりな装置が必要でないこと，物理的に再現できない感覚の提示が可能であることなどがある。

　XR においては，視覚および聴覚と比較し，その他の感覚を提示するデバイスの実用化は遅れているのが現状である。XR，特に VR においては，本来人の感覚すべてを提示することで，現実と限りなく等価な体験をもたらすことができると言える。ここで紹介する神経刺激による感覚提示手法によって，今後すべての感覚へのバーチャルな再現を実現するインタフェースの実用化と，それによるよりリアリティの高い VR の実現が期待される。ただし，単純に感覚を提示するだけでは，臨場感の向上につながらない場合や，臨場感の向上自体がユーザのニーズに含まれない場合もあるため，感覚提示インタフェースの実用化には，それらを効率的に使用するためのコンテンツ側の設計も必要不可欠である。

　ここでは，すでに実用化されている，もしくは今後実用化されうる神経刺激手法それぞれについて，使用される目的や有用性，技術課題などについて述べる。

5.2.1　視覚電気刺激

　XR における視覚への感覚提示技術は，HMD（head mounted display，ヘッドマウントディスプレイ）に代表されるように，すでに多くの社会実装がなさ

れ，一般的に普及している。一方で，現状の HMD の課題として装置がある程度大型で重いことなどが挙げられる。

視覚電気刺激による視覚情報の提示は，HMD のもつ課題を解決しうる手法として活用できると考えられる。視覚電気刺激は電気刺激用の電極のみが頭部に設置されるため，軽量で小型であるという点において，既存の HMD よりも優れているが，提示できる視覚の自由度という観点において既存の HMD のほうが現状はるかに優れている。よって，視覚電気刺激が光学的な機構を備える HMD にとってかわるというシナリオは現状では考えにくい。一方で，HMD や AR ディスプレイ等と組み合わせることで，視覚的な情報を付加的に提示することも可能であるため，HMD の補助的なディスプレイシステムとして利用される可能性は今後ありえる。

例えば，VR を用いた作業支援時に，HMD 上の視野に重畳して視覚電気刺激による光パターンを提示し，注目するべき視野内の領域といった情報を付与することができる。同様に，車などの運転時，進行方向を光パターンによって提示しナビゲーションを行うといった AR 的な活用方法も期待できる。

5.2.2　触覚電気刺激と筋電気刺激

電気刺激による触覚再現は，触覚ディスプレイへの応用が考えられる。XR 空間内の物体との接触におけるリアリティには，接触面での触覚の再現が必要となる。電気刺激による触覚提示は，多種多様で細やかな触覚表現が可能な手法として期待される。現在ではスマートフォンや携帯ゲーム機，VR コントローラーに振動子を組み込み，振動子が惹起する振動覚が触覚手掛かりとして利用されている。振動子の振動の強度はアクチュエータの性能と振動させる物体の重さの寄与が大きいため，強力な触覚を振動で再現するには装置の大型化が必要となってくる。これに対して，触覚電気刺激は軽量な電気刺激装置と電極のみで触覚提示が可能であり，強力な感覚提示が必要な場合には刺激電流の強度を上昇させるだけでよいという点では利点がある。

また，筋電気刺激に関しては筋収縮に伴う力覚を VR 等の技術として利用す

る試みが行われている[1]。さらに，身体の位置と姿勢を誘導することでさまざまな手技を学習するためのシステムに組み込まれることもある[2]。

昨今では筋電気刺激や触覚電気刺激をスーツに組み込んだ **Teslasuit**（VR Electronics 社製）が販売されていることや，H2L 社の **Unlimited Hand**[3]のように，前腕部に装着したデバイスで筋収縮を計測しながら電気刺激を与えることで，ユーザの動きを VR 上のキャラクターに伝え，かつ，キャラクターへの触覚をユーザ自身の腕に伝える装置が開発されていること等，VR 分野への応用が進んでいる。

5.2.3 味覚電気刺激

VR 空間内の食事のリアリティを向上させるため，味覚そのものを提示する技術が望まれる。味覚電気刺激は，口腔内への電気刺激によって，塩味や甘味といった味覚をより強く感じさせたり弱く感じさせたりすることができる技術である。

この技術が応用される例として考えられるのは，VR を用いたダイエットや，食事制限である。視覚の他に，匂い（嗅覚）の提示インタフェースと組み合わせることで，より効果的な技術に昇華され，応用への実現性が高まると考えられる。

現状では，後述のヘルスケア分野等への応用がメインであり，XR における体験そのものへの応用例は少ないものの，宮下らは基本五味を操作するディスプレイ技術として **Norimaki Synthesizer**[4]を提案している。また，遠隔地に塩味の強さを伝送する TeleSalty[5]は味覚の AR 技術と言えるだろう。

さらに，味覚電気刺激と触覚電気刺激の間の技術であるが，舌を電気刺激して感覚を拡張させる装置である，**クトゥルフシールド**[6]が製品として販売もされてきている。

5.2.4 前庭電気刺激

前庭電気刺激は前田らの研究グループが XR 分野へのさまざまな応用を提案してきた。前庭電気刺激は前庭感覚を惹起し，その反射応答として陽極側への身体動揺を誘発することが知られている。この身体動揺は歩行時には歩行の方

向の変容となって現れる。この歩行の方向の変容を地図アプリ等と連動させ，地図を見なくても目的地にたどり着けるような歩行誘導技術としての応用が提案されている[7]。

　また，前庭電気刺激を利用することで，モーションプラットフォーム等を利用せずともVR空間内での移動や加速度の体験の臨場感を向上させる手法が同研究グループより提案されてきた。近年ではジェットコースターに乗った時のVR空間内での加速度の感覚を前庭電気刺激で提示することで，より高いVR空間への没入を実現するシステムも登場している。また，前庭電気刺激の製品としても，Samsung　Electronicsは前庭電気刺激が可能なヘッドホンである，Entrim 4Dを発表する等の動きもある。

5.3　医療・ヘルスケア・美容への応用

　医療・ヘルスケア分野において，経皮電気刺激はTENS（transcutaneous electrical nerve stimulation）として利用されている。特に盛んに利用されているのは，低周波治療器等の名称で利用される筋電気刺激だろう。3.2節において筋電気刺激に関する詳細な解説をしているが，筋電気刺激は皮膚上に設置した電極から電流を印加することで筋収縮を引き起こす刺激手法である。この筋収縮によって，血行促進やそれに伴うこりの改善，筋肉の疲労回復を狙った製品が販売されている。

　従来より，味覚電気刺激は味覚の神経異常を検査するための電気味覚計として利用されてきた[8]。この電気味覚計を用いた検査は現在でも実施されている。また，スプーン型の味覚電気刺激装置である，**Meet SpoonTEK**が製品としてTaste Boostersによって開発されるなど，ヘルスケア分野への応用も始まってきている。

　前庭電気刺激は従来前庭の異常検査のための手法として利用されてきた。近年では前庭電気刺激の刺激パターンとして微弱なノイズ電流を用いるnoisy GVS（nGVS）によって，高齢者の身体のバランス機能が改善するという研究結果

が発表された[9]。これは，前庭電気刺激を利用したリハビリテーションに効果が
見られるという結果と捉えることができるだろう。また，前庭電気刺激は半側空
間無視の患者に対して症状の改善を促すことができることが示されており，前庭
電気刺激は今後も医療やヘルスケア分野で利活用されていくものと考えられる。

　触覚電気刺激に関しては，額への電気刺激によって視覚を代替する手法が提
案されている。この手法では，額に設置した電極マトリクスによって印加する
電流の空間パターンをカメラで撮影した映像に応じて生成し，電気刺激で惹起
された額の触覚パターンによって視覚を代替する[10]。

　tDCS や tACS と呼ばれる経頭蓋電流刺激は，うつ病や不眠に対する治療を
中心とした精神疾患の治療に利用されてきている[11]。これらの他にも，脳卒
中のリハビリの成果を改善させるための手法として利用されること[12]や，嚥
下障害の治療効果に対する改善効果なども研究されている[13]。また，経頭蓋
磁気刺激（TMS）に関しても，経頭蓋電流刺激と同様に精神疾患の治療への応
用が行われている。

　これらに加えて，脳や身体へ電極を埋め込む刺激手法等も治療で利用される
他，人工内耳や人工網膜等の身体機能を補綴する装置も神経刺激インタフェー
スの医療やヘルス分野への応用例と言えるだろう。神経刺激インタフェースの
医療分野・ヘルス分野への応用研究は日進月歩であり，上記で取り上げた応用
例はほんの一例である。

　上述のとおり，筋電気刺激はこりの解消や筋肉の疲労回復を目指した応用が
行われている。筋電気刺激は近年では美容分野においても注目を集めている。
この美容分野においては，美顔器の一種として表情筋や首への筋電気刺激が利
用されている[14]。YA-MAN 社製の**メディリフト**シリーズは，頬や目元を刺激
するマスク型，アイマスク型の刺激装置や首の筋肉を刺激する首掛け型の刺激
装置が販売されている。

　筋電気刺激の他にも，導入美顔器として電気刺激を利用した美顔器が販売さ
れている[15]。これは，化粧水に含まれる美容成分を微弱な電流で皮膚に効果
的に浸透させることを狙ったものである。

引用・参考文献

※記載 url は 2023 年 8 月確認
※略称　vrsj 論文誌：日本バーチャルリアリティ学会論文誌

1 章
1)　高橋雄造：電気の歴史，東京電機大学出版局（2011）
2)　杉晴夫：生体電気信号とは何か，講談社（2006）
3)　vrsj 論文誌アーカイブ：https://vrsj.org/transaction/archive/
4)　J-STAGE vrsj 論文誌：https://www.jstage.jst.go.jp/browse/tvrsj/-char/ja/
5)　梶本裕之 ほか：電気触覚を用いた皮膚感覚のオーグメンティドリアリティ，vrsj 論文誌，**8**，3，pp.339-348（2003）
6)　永谷 直久 ほか：前庭感覚電気刺激による視覚への影響，vrsj 論文誌，**10**，4，pp.475-484（2005）
7)　鈴木 隆文 ほか：遅順応 I 型機械受容ユニットへの刺激信号と生成感覚強度に関する基礎的研究，vrsj 論文誌，**11**，1，pp.95-100（2006）
8)　安藤 英由樹 ほか：Save YourSelf !!!"：前庭刺激による平衡感覚移植体験，vrsj 論文誌，**12**，3，pp.225-232（2007）
9)　吉元 俊輔 ほか：物体表面の自己相似性を伝える電気触覚パルス頻度変調，vrsj 論文誌，**16**，3，pp.307-315（2011）
10)　橋本 悠希 ほか：前庭電気刺激を用いた眼球運動誘導手法の基礎的検討，vrsj 論文誌，**17**，1，pp.23-32（2012）
11)　石川 敬明 ほか：電気刺激ならびに視覚・振動覚刺激による仮想重量感呈示，vrsj 論文誌，**19**，4，pp.487-494（2014）
12)　青山 一真 ほか：前庭電気刺激における逆方向不感電流を用いた加速度感覚の増強，vrsj 論文誌，**19**，3，pp.315-318（2014）
13)　片岡 佑太 ほか：複合現実型視覚提示が痛覚刺激の知覚に及ぼす影響，vrsj 論文誌，**19**，2，pp.275-283（2014）
14)　青山 一真 ほか：往復電流刺激が及ぼす前庭電気刺激の身体動揺増大効果のモデル化，vrsj 論文誌，**20**，4，pp.291-298（2015）
15)　青山 一真 ほか：頭頂方向前庭電気刺激が及ぼす加速度感覚知覚と身体反射応答への影響，vrsj 論文誌，**20**，3，pp.219-228（2015）
16)　櫻井 悟 ほか：電気刺激による塩味および旨味を呈する塩類の味覚抑制，vrsj 論文誌，**20**，3，pp.239-242（2015）
17)　青山 一真 ほか：前庭電気刺激における不感電流を用いた往復電流刺激が与える身体動揺の増大効果と逆電流印加時間の関係，vrsj 論文誌，**20**，1，pp.65-68（2015）
18)　樋口 大貴 ほか：多電極視神経電気刺激が惹起する眼内閃光の光源位置制御手法，vrsj 論文誌，**21**，4，pp.613-616（2016）
19)　新島 有信，小川 剛史：電気的筋肉刺激を用いたバーチャル食感提示手法に関する検討，vrsj 論文誌，**21**，4，pp.575-583（2016）
20)　青山 一真 ほか：顎部電気刺激による味覚提示・抑制・増強手法，vrsj 論文誌，**22**，2，

pp.137-143（2017）
21）青山 一真 ほか：下顎部電気刺激による咽頭への局所的な味覚提示, vrsj 論文誌, **22**, 2, pp.145-148（2017）
22）龍野 翔 ほか：ボウリング投球動作を対象とした電気刺激によるスポーツスキル習得支援システムの開発, vrsj 論文誌, **22**, 4, pp.447-455（2017）
23）小川 剛史 ほか：電気的筋肉刺激が重量知覚に及ぼす影響の分析, vrsj 論文誌, **22**, 1, pp.3-10（2017）
24）櫻井 健太 ほか：連続矩形波陰極電流刺激による塩味および旨味の持続的増強効果, vrsj 論文誌, **22**, 2, pp.149-156（2017）
25）金子 拓史 ほか：バーチャル歩行感覚生成のための下肢運動感覚と腱電気刺激の併用提示手法, vrsj 論文誌, **24**, 2, pp.143-152（2019）
26）原 彰良 ほか：連続矩形波電流刺激による五味の継続的増強, vrsj 論文誌, **24**, 1, pp.13-21（2019）

2 章
1）文部科学省, 厚生労働省, 経済産業省：「人を対象とする生命科学・医学系研究に関する倫理指針」（令和 3 年 3 月 23 日）, https://www.mext.go.jp/b_menu/houdou/mext_00525.html
2）榎原 毅, 山口知香枝, 庄司直人：人間工学分野における「人を対象とする医学系研究に関する倫理指針」への対応, 人間工学, **52**, 3, pp.103-111（2016）
3）太田 淳：人工視覚デバイス, 人工臓器, **42**, 1, pp.70-74（2013）
4）八木 透：視覚神経刺激による視覚機能代行―人工眼, 生体医工学, **18**, 4, pp.36-42（2004）
5）C. Veraart et al.: Pattern recognition with the optic nerve visual prosthesis, Artif Organs, **27**, 11, pp.996-1004(2003)
6）A. K. Ahuja et al.: Blind subjects implanted with the Argus II retinal prosthesis are able to improve performance in a spatial-motor task, Ophthalmol, 95, 4, pp.539-543(2011)
7）T. Fujikado et al.: One-Year Outcome of 49-Channel Suprachoroidal-Transretinal Stimulation Prosthesis in Patients with Advanced Retinitis Pigmentosa, Invest Ophthalmol Vis. Sci., **57**, 14, pp.6147-6157 (2016)
8）Alamusi et al.: Vision maintenance and retinal apoptosis reduction in RCS rats with Okayama University-type retinal prosthesis (OUReP™) implantation, J. Artif. Organs, **18**, 3, pp.264-71(2015)
9）森 尚彰：日本における人工内耳の現状, 保健医療学雑誌, **6**, 1, pp.15-23（2015）
10）白幡 雄一：難聴の新しい治療：人工内耳の現状と将来, 歯科学報, **93**, 12, pp.1149-1153（1993）
11）E. H. Holbrook et al.: Induction of smell through transethmoid electrical stimulation of the olfactory bulb, Int Forum Allergy Rhinol., 9, 2, pp.158-164(2019)
12）西條 一止：臨床鍼灸治療学 第 2 版, 医歯薬出版（2013）
13）鈴木 隆文：神経接続技術の現状と未来, 計測と制御, **43**, 1, pp.15-20（2004）
14）鈴木 隆文：BMI のための脳活動計測システム, 精密工学会誌, **83**, 11, pp.996-999（2017）
15）吉峰 俊樹 ほか：ブレイン・マシン・インターフェイス（BMI）が切り開く新しいニューロテクノロジー, 脳神経外科ジャーナル, **25**, 12, pp.964-972（2016）
16）G. S. Brindley and W. S. Lewin: The sensations produced by electrical stimulation of the visual cortex. J. Physiol., **196**, 2, pp 479-493(1968)
17）高橋 宏知：脳幹の電気刺激による聴覚機能代行―聴性人工脳幹インプラント―, 生体医工学, **18**, 4, pp.48-54（2004）
18）平田 雅之：体内埋込型ブレイン・マシン・インターフェースによる機能再建, バイオ

メカニズム学会誌，**42**，2，pp.89-94（2018）

19）橋本 隆男：脳深部刺激術の機序と生理学的ガイダンス，臨床神経生理学，**43**，4，pp.144-148（2015）

20）Control the Brain with Light" Disseroth, K. Scientific American Vol.11, No.49. 2010.

21）Watanabe, H., Sano, H., Chiken, S. et al. Forelimb movements evoked by optogenetic stimulation of the macaque motor cortex. Nat Commun 11, 3253 (2020). https://doi.org/10.1038/s41467-020-16883-5

22）ローン・フランク 著，赤根洋子 訳：闇の脳科学「完全な人間」をつくる，文藝春秋（2020）

23）伊藤 雄一郎 ほか：導電性高分子のマイクロパターン作製，電気学会論文誌 C，**122**，9，pp.1441-1446（2002）

24）A. Farnum and G. Pelled: New Vision for Visual Prostheses, Front, J. Neurosci., **18**(2020)

25）W. H. Dobelle: Artificial vision for the blind by connecting a television camera to the visual cortex, ASAIO J., **46**, 1, pp.3-9(2000)

26）満渕 邦彦：ブレイン・マシン・インタフェースシステム，認知神経科学，**11**，1（2009）

27）平田 雅之：体内埋込型ブレイン・マシン・インターフェースによる機能再建，バイオメカニズム学会誌，**42**，2，pp.89-94（2018）

28）S. Matthis et al.: How Happy Is Too Happy?: Euphoria, Neuroethics, and Deep Brain Stimulation of the Nucleus Accumbens, AJOB Neuroscience, **3**, 1, pp.30-36(2012)

3章

1）亀岡 嵩幸 et al.：失禁体験装置：尿失禁感覚再現装置の開発とその応用，エンタテインメントコンピューティングシンポジウム 2018論文集，pp.70-73（2018）

2）Stephanie Grassullo: Men Take Part in Simulated Labor Experience and Their Reactions Are Priceless, the BUMP(2018)

3）池田 尊司：tDCS には認知機能を向上させる効果があるのか？，心理学ワールド，**93**，pp.9-12（2021）

4）D. Nozaki et al.: Jean-Jacques Orban de Xivry: Tagging motor memories with transcranial direct current stimulation allows later artificially-controlled retrieval, eLife Online Edition: 2016/07/29 (Japan time)

5）A.T.Barker et al.: Non-invasive magnetic stimulation of human motor cor- tex, Lancet., 1, pp.1106-1107 (1985)

6）伊津野 拓司，岩波 明：経頭蓋磁気刺激（TMS）の基礎と臨床，昭和学士会雑誌，**73**，5，pp.411-417（2014）

7）M.E.M. Mashat et al.: Human-to-human closed-loop control based on brain-to-brain interface and muscle-to-muscle interface., Nature Scientific Reports, **7**, 11001（2017）

8）緒方 徹：骨格筋への電気刺激法（神経筋電気刺激法：NMES）の筋力増強効果，リハビリテーション医学，**54**，10，pp.764-767（2017）

9）K. Zatsiorsky: Science and practice of strength training - ems, Human Kinetics, pp.132-133（2006）

10）長嶋 洋一 ほか：電気刺激フィードバック装置の開発と音楽パフォーマンスへの応用，情報処理学会研究報告，45，pp.27-32（2002）

11）E. Kruijff, et al.: Using neuromuscular electrical stimulation for pseudo-haptic feedback. In Proceedings of the ACM symposium on Virtual reality software and technology, VRST '06, ACM, pp.316-319 (2006)

12）NESS H200. Bioness Inc. http://www.bioness.com.

13）M. Inami and N.Kawakami: Kasoutaikansouchi. patent number: N1-7-20978(1995)

14) E. Tamaki et al.: PossessedHand: Tech- niques for controlling human hands using electrical muscles stimuli, Proc. 2011 annual conference on Human factors in computing systems(ACM CHI2011), pp.543-552 (2011)

15) L. A. Jones and S. J. Lederman: Human Hand Function 1st ed, Oxford University Press (2006)

16) H. Kajimoto et al.: Electro-tactile display with tactile primary color approach, Proc. Intell. Robots Syst. (2004)

17) I. Poupyrev, S. Maruyama and J. Rekimoto: Ambient touch: designing tactile interfaces for handheld devices, Proc. ACM UIST, pp.51-60 (2002)

18) T. H. Yang et al.: Development of a miniature pin-array tactile module using elastic and electromagnetic force for mobile devices, Proc. IEEE Eurohaptics Symp. Haptic Interfaces Virtual Environ. Teleoperator Syst., pp.13-17 (2009)

19) S. C. Kim et al.: Small and lightweight tactile display (SaLT) and its application, Proc. IEEE Eurohaptics Symp. Haptic Interfaces Virtual Environ. Teleoperator Syst., pp.69-74 (2009)

20) F. A. Saunders: Information transmission across the skin: high-resolution tactile sensory aids for the deaf and the blind, J. Neurosci. , **19**, pp.21-28 (1983)

21) K. A. Kaczmarek et al.: Electrotactile haptic display on the fingertips: Preliminary results, Proc. IEEE Eng. Med. Biol. Soc., **2**, pp.940-941 (1994)

22) H. Kajimoto et al.: HamsaTouch: Tactile vision substitution with smartphone and electro-tactile display, Proc. ACM CHI EA, pp.1273-1278 (2014)

23) D. R. McNeal: Analysis of a model for excitation of myelinated nerve, IEEE Trans. Biomed. Eng., **23**, 4, 329-337 (1976)

24) H. Kajimoto: Electro-tactile Display: Principle and Hardware, In: Kajimoto H., Saga S., Konyo M. (eds) Pervasive Haptics., pp.79-96, Springer (2016)

25) F. Rattay: Modeling axon membranes for functional electrical stimulation, IEEE Trans. Biomed. Eng., **40**, 12, pp.1201-1209 (1993)

26) T. Watanabe et al.: a study of relevance of skin impedance to absolute threshold for stabilization of cutaneous sensation elicited by electric current stimulation, Bio-mechanisms, **16**, pp.61-73 (2002)

27) A. Y. J. Szeto: Relationship Between Pulse Rate and Pulse Width for a Constant-Intensity Level of Electrocutaneous Stimulation, Biomedical Engineering, **13**, pp.373-383 (1985)

28) C. Van Doren: Contours of equal perceived amplitude and equal perceived frequency for electrocutaneous stimuli, Percept. Psychophys., **59**, 4, pp.613-622 (1997)

29) K. A. Kaczmarek et al.: Interaction of Perceived Frequency and Intensity in Fingertip Electrotactile Stimulation: Dissimilarity Ratings and Multidimensional Scaling, IEEE Trans Neural Syst Rehabil Eng, **25**, 11, pp.2067-2074 (2017)

30) G. Wyszecki: Color appearance, Handbook of Perception and Human Performance, Vol. I, sensory Processes and Perception, K. R. Boff, L. Kaufman and J. P. Thomas, eds., pp.9.1-9.55, Wiley (1986)

31) B. Scharf and S. Buus: Audition I: Stimulus, physiology, thresholds, Handbook of Perception and Human Performance: vol. I, Sensory Processes and Perception, K. R. Boff, L. Kaufman and J. P. Thomas, eds., pp.14.1-14.71, Wiley (1986)

32) K. A. Kaczmarek et al.: Electrotactile haptic display on the fingertips: Preliminary results, Proc. IEEE Engineering in Medicine and Biology Society, **2**, pp.940-941(1994)

33) A. Higashiyama and M. Hayashi: Localization of electrocutaneous stimuli on the fingers and forearm: effects of electrode configuration and body axis," Perception & Psychophysics, **54**, 1, pp.108-120(1993)

34)　K. A. Kaczmarek et al.: The afferent neural response to electrotactile stimuli: preliminary results, IEEE Trans. Rehabilitation Engineering, **8**, 2, pp.268-270(2000)

35)　J. T. Rubinstein: Analytical theory for extracellular electrical stimulation of nerve with focal electrodes. II. Passive myelinated axon, Biophysical J., **60**, 3, pp.538-555(1991)

36)　N. Cauna and G. Mannan: Organization and development of the preterminal nerve pattern in the palmar digital tissues of man," J. Comparative Neurology, **117**, 3, pp.309-328(1961)

37)　V. Yem, H. Kajimoto: Comparative Evaluation of Tactile Sensation by Electrical and Mechanical Stimulation, IEEE Trans. on Haptics, **10**, 1, pp.130-134(2017)

38)　A. Akhtar et al.: Controlling sensation intensity for electrotactile stimulation in human-machine interfaces. SCIENCE ROBOTICS, **3**, 17, eaap9770(2018)

39)　T. Bajd: Surface electrostimulation electrodes, in Wiley Encyclopedia of Biomedical Engineering. Hoboken, Wiley(2006)

40)　C. C. Collins: Tactile Television: Mechanical Electrical Image Projection, IEEE Trans. Man-Machine Systems, **11**, 1, pp.65-71(1970)

41)　C. J. Poletto and C. L. Van Doren: Elevating pain thresholds in humans using depolarizing prepulses, IEEE Trans. Biomed. Eng., **49**, 10, pp.1221-1224 (2002)

42)　K. A. Kaczmarek et al.: Maximal dynamic range electrotactile stimulation waveforms, IEEE Trans. Biomed. Eng., **39**, 7, pp.701-715(1992)

43)　S. Tachi et al.: Electrocutaneous Communica-tion in a Guide Dog Robot (MELDOG), IEEE Trans. Biomed. Eng., **32**, 7, pp.461-469(1985)

44)　S. Tachi and K. Tanie: U.S. patent 4,167,189(1979)

45)　H. Kajimoto: Electrotactile Display with Real-Time Impedance Feedback Using Pulse Width Modulation, IEEE Trans. on Haptic, **5**, 2, pp.184-188 (2012)

46)　ヤエム ヴィボル et al.：電気刺激安定化のための皮膚コンデンサ成分に蓄えられるエネルギの検討, ハプティクス研究委員会 第 16 回発表会 (2021)

47)　H. Kajimoto: Design of Cylindrical Whole-hand Haptic Interface using Electrocutaneous Display, EuroHaptics2012, **2**, pp.67-72 (2012)

48)　S. Khurelbaatar et al.: Tactile Presentation to the Back of a Smartphone with Simultaneous Screen Operation, Proc. of ACM CHI'16, pp.3717-3721 (2016)

49)　V. Yem and H. Kajimoto: Wearable Tactile Device using Mechanical and Electrical Stimulation for Fingertip Interaction with Virtual World, IEEE VR 2017, pp.99-104(2017)

50)　V. Yem and H. Kajimoto: Combination of Cathodic Electrical Stimulation and Mechanical Damped Sinusoidal Vibration to Express Tactile Softness in the Tapping Process, IEEE Haptics Symposium 2018

51)　A. M. Okamura et al.: Reality Based Models for Vibration Feed-back in Virtual Environments, IEEE/ASME Trans. on Mechatronics, **6**, 3, pp.245-252 (2001)

52)　M. Konyo et al.: A Tactile Synthesis Method Using Multiple Frequency Vibrations for Representing Virtual Touch, IEEE IROS, pp.1121-1127 (2005)

53)　N. Asamura, et al.: A Method of Selective Stimulation to Epidermal Skin Receptors for Realistic Touch Feedback, IEEE VR, pp.274-281 (1999)

54)　V. Yem et al.: FinGAR: Combination of Electrical and Mechanical Stimulation for High-Fidelity Tactile Presentation, ACM SIGGRAPH'16 Emerging Technologies (2016)

55)　V. Yem, H. Kajimoto: Wearable Tactile Device using Mechanical and Electrical Stimulation for Fingertip Interaction with Virtual World, IEEE VR 2017, pp.99-104 (2017)

56)　E. R. Kandel et al.: カンデル神経科学, 5th ed.(2014)

57)　M. Fukutomi, B. A. Carlson: A History of Corollary Discharge: Contributions of Mormyrid Weakly Electric Fish, Front. Integr. Neurosci., 14(2020)

58）　U. Proske and S. C. Gandevia: The Proprioceptive Senses: Their Roles in Signaling Body Shape, Body Position and Movement, and Muscle Force, Physiol. Rev., **92**, 4, pp.1651–1697(2012)

59）　J. Cole: Losing Touch: A man without his body, Illustrate., Oxford University Press(2016)

60）　P. D. Marasco et al.: Illusory movement perception improves motor control for prosthetic hands., Sci. Transl. Med., **10**, 432(2018)

61）　M. Barsotti et al.:Effects of Continuous Kinaesthetic Feedback Based on Tendon Vibration on Motor Imagery BCI Performance, IEEE Trans. Neural Syst. Rehabil. Eng., **26**, 1, pp.105–114(2018)

62）　P. N. Mcwiinm: The incidence and properties of beta axons to muscle spindles in the cat hind limb," Q. J. Exp., **8**, pp.25–36(1975)

63）　L. Jami: Golgi Tendon Organs in Mammalian Skeletal Muscle: Functional Properties and Central Actions, Physiol. Rev., **72**, 3, pp.623–666(1992)

64）　K. H. Andres et al.: Sensory innervation of the Achilles tendon by group III and IV afferent fibers, Anatomy and Embryology, **172**, 2, pp.145–156(1985)

65）　G. M. Goodwin et al.: The contribution of muscle afferents to kenaesthesia shown by vibration induced illusionsof movement and by the effects of paralysing joint afferents, Brain, **95**, 4, pp.705–748(1972)

66）　U. Proske and S. C. Gandevia: Kinesthetic Senses, Compr Physiol, pp.1157–1183(2018)

67）　M. O. Conrad et al.: Effects of wrist tendon vibration on arm tracking in people poststroke, J. Neurophysiol., **106**, 3, pp.1480–1488(2011)

68）　D. Hagimori et al.: Combining Tendon Vibration and Visual Stimulation Enhances Kinesthetic Illusions, in Proceedings - 2019 International Conference on Cyberworlds, pp.128–134 (2019)

69）　C. Thyrion and J.-P. Roll: Predicting Any Arm Movement Feedback to Induce Three-Dimensional Illusory Movements in Humans, J. Neurophysiol., **104**, 2, pp.949–959(2010)

70）　S. C. Gandevia: Illusory Movements Produced by Electrical Stimulation of Low-Threshold Muscle Afferents from the Hand, Brain, **108**, pp.965–981(1985)

71）　A. K. Thompson et al.: Soleus H-reflex operant conditioning changes the H-reflex recruitment curve, Muscle and Nerve, **47**, 4, pp.539–544(2013)

72）　S. I. Khan and J. A. Burne: Inhibitory mechanisms following electrical stimulation of tendon and cutaneous afferents in the lower limb, Brain Res., **1308**, pp.47–57(2010)

73）　H. Geyer and H. Herr: A Muscle-reflex model that encodes principles of legged mechanics produces human walking dynamics and muscle activities, IEEE Trans. Neural Syst. Rehabil. Eng., **18**, 3, pp.263–273(2010)

74）　A. Prochazka et al.: Positive Force Feedback Control of Muscles, J. Neurophysiol., **77**, 6, pp.3226–3236(1997)

75）　M. A. Lyle and T. R. Nichols: Evaluating intermuscular Golgi tendon organ feedback with twitch contractions, J. Physiol., **597**, 17, pp.4627–4642(2019)

76）　A. Takahashi: Relationship Between Force Sensation and Stimulation Parameters in Tendon Electrical Stimulation, in AsiaHaptics 2016, pp.233–238 (2016)

77）　T. Akifumi: Haptic interface using tendon electrical stimulation with consideration of multimodal presentation, Virtual Real. Intell. Hardw., **1**, 2, p.163(2019)

78）　A. Takahashi, H. Kajimoto· Force Sensation Induced by Electrical Stimulation on the Tendon of Biceps Muscle, Appl. Sci., 1–12(2021)

79）　H. Kaneko et al.: Electrical and Kinesthetic Stimulation for Virtual Walking Sensation, in Haptics Symposium 2018 WIP, p.2 (2018)

80) N. Takahashi et al.: Sensation of Anteroposterior and Lateral Body Tilt Induced by Electrical Stimulation of Ankle Tendons, Front. Virtual Real., 3(2022)

81) V. Yem et al.: Effect of Electrical Stimulation Haptic Feedback on Perceptions of Softness-Hardness and Stickiness While Touching a Virtual Object, in IEEE Virtual Reality 2018 (2018)

82) H. Kajimoto: Illusion of motion induced by tendon electrical stimulation, 2013 World Haptics Conference, pp.555–558

83) S. C. Gandevia et al.: Changes in motor commands, as shown by changes in perceived heaviness, during partial curarization and peripheral anaesthesia in man, J. Physiol., **272**, 3, pp.673–689(1977)

84) S. C. Gandevia et al.: Motor commands contribute to human position sense, J. Physiol., **571**, 3, pp.703–710(2006)

85) R. G. Carson et al.: Central and peripheral mediation of human force sensation following eccentric or concentric contractions, J. Physiol., **539**, 3, pp.913–925(2002)

86) S. C. Gandevia et al.: Voluntary activation of human motor axons in the absence of muscle afferent feedback. The control of the deafferented hand. Brain., **113**, 5, pp.1563–1581(1990)

87) V. G. Macefield: The firing rates of human motoneurones voluntarily activated in the absence of muscle afferent feedback, J. Physiol., **471**, 1, pp.429–443(1993)

88) J. B. Nielsen: Human Spinal Motor Control, Annu. Rev. Neurosci., **39**, 1, pp.81–101(2016)

89) S. C. Gandevia et al.: Effects of related sensory inputs on motor performances in man studied through changes in perceived heaviness, J. Physiol., **272**, 3, pp.653–672(1977)

90) S. C. Gandevia et al.: Alterations in perceived heaviness during digital anaesthesia, J. Physiol., **306**, 1, pp.365–75(1980)

91) B. L. Luu et al.: The fusimotor and reafferent origin of the sense of force and weight, J. Physiol., **589**, 13, pp.3135–3147(2011)

92) J. Brooks et al.: The senses of force and heaviness at the human elbow joint, Exp. Brain Res., **226**, 4, pp.617–29(2013)

93) F. Monjo et al.: The sensory origin of the sense of effort is context-dependent, Exp. Brain Res., **236**, 7, pp.1997–2008(2018)

94) P. E. Roland et al.: A quantitative analysis of sensations of tension and of kinaesthesia in man:Evidence for a peripherally originating muscular sense and for a sense of effort, Brain, **100**, pp.671-692(1977)

95) 内川 惠二, 近江 政雄：味覚・嗅覚（講座 "感覚・知覚の科学"）, p.20, 朝倉書店（2008）

96) J. Atema: Structures and functions of the sense of taste in the catfish (Ictalurus natalis), Brain Behav Evol., **4**, 4, pp.273-294(1971)

97) 森本 俊文, 新・口腔の整理から？を解く, p.31, デンタルダイアモンド社（2012）

98) 都甲 潔：味のディジタル革命, 電気学会論文誌 E, **123**, 5, pp.147-151（2003）

99) 伏木 亨：おいしさの構成要素とメカニズム, 栄養学雑誌, **61**, 1, pp.1-7（2003）

100) T. Narumi et al.: Augmented Reality Flavors: Gustatory Display Based on Edible Marker and Cross-Modal Interaction,CHI2011, pp.93-102(2011)

101) 小泉 直也 et al.：Chewing JOCKEY：咀嚼音提示を利用した食感拡張装置の検討, vrsj 論文誌, **18**, 2, pp.141-150（2013）

102) 山本 隆：楽しく学べる味覚生理学—味覚と食行動のサイエンス, pp.55-65（2017）

103) A. Volta: On the electricity excited by the mere contact of conducting substances of different kinds, In a letter from Mr. alexander Volta, frs professor of natural philosophy in the university of pavia, tothe rt. hon. Sir joseph banks, bart. kbprs. Philosophical

Transactions of the Royal Society of London 90, pp.403-431(1800)

104) H. Nakamura and H. Miyashita: Controlling saltiness without salt: evaluation of taste change by applying and releasing cathodal current, In Proc. of the 5th international workshop on Multimedia for cooking & eating activities (CEA'13), pp.9-14(2013)

105) 中村 裕美, 宮下 芳明：一極型電気味覚付加装置の提案と極性変化による味質変化の検討, 情報処理学会論文誌, **54**, 4, pp.1442-1449（2013）

106) 中村 裕美, 宮下 芳明：電気味覚による味覚変化と視覚コンテンツの連動, 情報処理学会論文誌, **53**, 3, pp.1092-1100（2012）

107) H. Nakamura and H. Miyashita: Augmented Gustation using Electricity, ACM Augmented Human International Conference2011 (AH2011), 34:1-2(2011)

108) 櫻井 悟 ほか：電気刺激による塩味および旨味を呈する塩の味覚抑制, vrsj 論文誌, **20**, 3, pp.239-242（2015）

109) 櫻井 健太 ほか：連続矩形波陰極電流刺激による塩味および旨味の持続的増強効果, vrsj 論文誌, **22**, 2, pp.149-156（2017）

110) Y. Aruga and T. Koike: Taste Change of Soup by the Recreating of Sourness and Saltiness Using the Electrical Stimulation, the 6th Augmented Human International Conference, pp.191-192(2015)

111) N. Ranasinghe et al.: Tongue Mounted Interface for Digitally Actuating the Sense of Taste, in Proceedings of the 16th IEEE International Symposium on Wearable Computers (ISWC), pp.80-87(2012)

112) Z. Bujas: Electric taste. In Handbook of Sensory Physiology, Vol. IV: Chemical Senses; Pt . 2: Taste. L . M. Beidler, editor., pp.180-199, Springer-Verlag (1971)

113) M. Kashiwayanagi et al.: Taste transduction mechanism:similar effects of various modifications of gustatory receptors on neural responses to chemical and electrical stimulation, J. General Physiology, **78**, 3, pp.259-275(1981)

114) D. A. Stevens et al.: A direct comparison of the taste of electrical and chemical stimuli, Chemical senses, **33**, 5, pp.405-413(2008)

115) 水越 常善：電気性味覚の発現機序に関する Na+ チャネルについて, 歯基礎誌, **32**, pp.209-225（1990）

116) 脇 要：舌電気刺激による誘発電位に関する研究, 日本口腔外科学会雑誌, **39**, 6, pp.673-683（1993）

117) 冨田 寛：デシベル単位の電気味覚計, 医学のあゆみ, **77**, pp.691-696（1971）

118) 高橋 祥一郎 ほか：電気味覚の正常値について, 日本口腔外科学会雑誌, **25**, 5, pp.967-972（1979）

119) 龜井 俊夫：味覺ニ關スル實驗的研究（第 2 報）電氣味覺ニ關スル研究, 岡山医学会雑誌, **48**, 2, pp.339-345（1936）

120) T. P. Hettinger and M. E. Frank：Salt taste inhibition by cathodal current, Brain Res Bul, **80**, 3, pp.107-115(2009)

121) 原 彰良 ほか：連続矩形波電流刺激による五味の継続的増, vrsj 論文誌, **24**, 12 pp.13-21（2019）

122) 櫻井 悟 ほか：電気刺激による塩味および旨味を呈する塩の味覚抑制, vrsj 論文誌, **20**, 3, pp.239-242（2015）

123) 青山 一真 ほか：顎部電気刺激による味覚提示・抑制・増強手法, vrsj 論文誌, **22**, 2, pp.137-143（2017）

124) G. V. Békésy: Sweetness produced electrically on the tongue and its relation to taste theories, J. Appl. Phys., **19**, 6, pp.1105-1113(1964)

125) J. Helmbrecht: Psychophysik des elektrischen geschmacks: Qualitats-und intensitatsbeziehungen, European Archives of Oto-Rhino-Laryngology, **192**, 3, pp.314-

324(1968)

126) Z. Bujas et al.: Adaptation effects on evoked electrical taste, Perception & Psychophysics, **15**, 2, pp.210-214(1974)

127) A. V. Cardello: Comparison of taste qualities elicited by tactile, electrical, and chemical stimulation of single human taste papillae, Perception & Psychophysics, **29**, 2, pp.163-169(1981)

128) Y. Ninomiya and M. Funakoshi: Selective procaine inhibition of rat chorda tympani responses to electric taste stimulation, Comparative Biochemistry and Physiology Part A: Physiology, **92**, 2, pp.185-188(1989)

129) H. T. Lawless et al.: Metallic taste from electrical and chemical stimulation, Chemical senses, **30**, 3, pp.185-194(2005)

130) S. Herness: The cathodal OFF response of electric taste in rats. Experimental Brain Research, **60**, 2, pp.318-322(1985)

131) M. Føns: Psychophysical scaling of electric taste, Acta oto-laryngologica, **69**, 1-6 pp.366-370(1970)

132) 山本 隆 ほか：電気味覚計を用いての味覚反応時間測定について，第 12 回味と匂のシンポジウム論文集，pp.45-48（1978）

133) B. Krarup: Electro-gustometry: a method for clinical taste examinations. Acta oto-laryngologica, **49**, 1, pp.294-305(1958)

134) H. Feldmann and E. Maier: Neue methodische und differentialdiagnostische Gesichtspunkte zur Funktionsprüfung der Chorda tympani, European Archives of Oto-Rhino-Laryngology, **174**, 5, pp.423-439(1959)

135) F. Harbert et al.: The quantitative measurement of taste function, Archives of Otolaryngology-Head & Neck Surgery, **75**, 2, p.138(1962)

136) J. L. Pulec and W. F. House: Facial nerve involvement and testing in acoustic neuromas, Archives of Otolaryngology-Head & Neck Surgery, **80**, 6, pp.685-692(1964)

137) T. R. Bull: Taste and the chorda tympani, J. Laryngology & Otology, **79**, 6, pp.479-493(1965)

138) 冨田 寛：味覚障害の全貌，第十章 臨床味覚検査法，pp.101-106，診断と治療社（2011）

139) N. Lucarelli and G. Stirpe: Simple electrostimulator for clinical gustometry, Bollettino della Societa italiana di biologia sperimentale, **55**, 11, pp.1072-1076(1979)

140) J. A. Stillman et al.: Automated electrogustometry: a new paradigm for the estimation of taste detection thresholds, Clinical Otolaryngology & Allied Sciences, **25**, 2, pp.120-125(2000)

141) 三吉 康郎 ほか：臨床味覚検査法の 1 つとして電気性味覚検査法 Krarup 氏法の検討，日本耳鼻咽喉科学会会報，**71**，10，pp.1477-1483（1968）

142) 柳原 尚明，岸本 正生：電気味覚検査（Electrogustometry）とその臨床的意義，耳鼻咽喉科臨床，**61**，4，pp.430-435（1983）

143) 冨田 寛：顔面神経麻痺と Electrogustometry（電気味覚検査法），耳鼻咽喉科臨床，**61**，4，pp.419-429（1968）

144) http://steriksbryggeri.se/2017/04/nytt-elektriskt-olglas-laddar-olupplevelsen/

145) N. Ranasinghe et al.: Vocktail: A Virtual Cocktail for Pairing Digital Taste, Smell, and Color Sensations, In Proceedings of the 25th ACM international conference on Multimedia (MM '17). pp.1139-1147(2017)

146) http://labtokyo.jp/nosalt/

147) https://www.indiegogo.com/projects/meet-spoontek-a-spoon-that-elevates-taste#/

148) 鍛治 慶亘，宮下 芳明：あらゆる金属製食器を電気味覚提示に用いる手袋型デバイスの試作，第 1 回 神経刺激インタフェース研究会（2019）

149) 青山 一真 et al.：下顎部電気刺激による咽頭への局所的な味覚提示，vrsj 論文誌，**22**，2，pp.135-136（2017）

150) S. Ueno et al.: Controlling Temporal Change of a Beverage's Taste Using Electrical Stimulation, Extended Abstracts of the 2019 CHI Conference on Human Factors in Computing Systems, No.LBW0239, pp.LBW0239:1--LBW0239:6(2019)

151) H. Nakamura et al.: Method of Modifying Spatial Taste Location through Multielectrode Galvanic Taste Stimulation, in IEEE Access, **9**, pp.47603-47614(2021)

152) H. Miyashita and N. Synthesizer: Taste Display Using Ion Electrophoresis in Five Gels, Extended Abstracts of the 2020 CHI Conference on Human Factors in Computing Systems Extended Abstracts (CHI '20), pp.1-6(2020)

153) 鍛治 慶亘 et al.：電気味覚で甘味を制御する手法，第 27 回インタラクティブシステムとソフトウェアに関するワークショップ（WISS2019）論文集（2019）

154) H. Nakamura and H. Miyashita: Communication by Change in Taste, CHI '11 Extended Abstracts on Human Factors in Computing Systems, pp.1999-2004(2011)

155) 中村 裕美，宮下 芳明：電気味覚の応用による食メディア開発，電子情報通信学会技術研究報告，**111**，479，pp.49-54（2012）

156) N. Ooba et al.: Unlimited Electric Gum: A Piezo-based Electric Taste Apparatus Activated by Chewing, The 31st Annual ACM Symposium on User Interface Software and Technology Adjunct Proceedings, pp.157-159(2018)

157) J. Purkyne: Commentatio de examine physiologico organi visus et systematis cutanei. In: Opera Selecta Joannis Evangelistae Purkyne,edited by Laufberger V and Studnicka F. Pragae: Spolek ceskych lekaru(1819)

158) E. Hitzig: Untersuchungen uber das Gehirn: Abhandlungen Physiologis-chen und Pathologischen. Berlin: August Hirschwald(1874)

159) J. Breuer: Ueber die Function der Bogenga ̈nge des Ohrlabyrinths. Mediz-inische Jahrbucher, 4, pp.72-124(1875)

160) R. C. Fitzpatrick and B. L. Day: Probing the human vestibular system with galvanic stimulation, J. Appl. Physiol., **96**, 6, pp.2301-2316(2004)

161) J. B. Posner et al.: Plum And Posner's Diagnosis Of Stupor And Coma, Oxford University Press(2007)

162) P. M. Kennedy et al.: Vestibulospinal influences on lower limb, Can. J. Physiol. Pharmacol., **82**, pp.675-681(2004)

163) M. Sluydtsa et al.: Audiol. Neurotol., Electrical Vestibular Stimulation in Humans, **25**, pp.6-24(2020)

164) K. N. Hageman et al.: Spatial Selectivity of Eye Movements Elicited by Combined Otolith and Semicircular Canal Stimulation, XXXth Bárány Society Meeting(2018)

165) M. R. Chow et al.: Posture, Gait, Quality of Life, and Hearing with a Vestibular Implant, New England Journal of Medicine, **384**, 6, pp.521-532(2021)

166) 杉内 友理子：平衡覚，脳科学辞典（https://bsd.neuroinf.jp/）

167) S. M. Frank and M. W. Greenlee: The parieto-insular vestibular cortex in humans: more than a single area? ,J. Neurophysiol., **120**, 3, pp.1438-1450 (2018)

168) J. Kim amd I. S. Curthoys: Responses of primary vestibular neurons to galvanic vestibular stimulation (GVS) in the anaesthetised guinea pig, Brain Res. Bull., 64, 3, pp.265-271(2004)

169) T. Maeda et al.: Multi-Dimensional Effects in Galvanic Vestibular Stimulations through Multiple Current Pathways, ICAT 2010

170) K. Aoyama et al.: Four-pole galvanic vestibular stimulation causes body sway about three axes, Sci. Rep., **5**, 10168 (2015)

171) S. W. Mackenzie and R. F. Reynolds: Differential effects of vision upon the accuracy and precision of vestibular-evoked balance responses, J. Physiol., **596**, 11, pp.2173-2184(2018)
172) 安藤 英由樹 ほか：前庭感覚インタフェース技術の理論と応用，情報処理学会論文誌，**48**, pp.1326-1335（2007）
173) 肥塚 泉：半規管―眼反射と耳石―眼反射の機能連関，耳鼻臨床，**100**, 10, pp.781-789（2007）
174) 永谷 直久 ほか：前庭感覚電気刺激による視覚への影響，vrsj 論文誌，**10**, 4, pp.475-484（2005）
175) T.Maeda et al.: Shaking the world: Galvanic vestibular stimulation as a novel sensation interface, SIGGRAPH 2005
176) 青木 光広 ほか：前庭血管系反射と起立性循環調節，Equilibrium Res. **71**, 3, pp.186-193（2012）
177) B. J. Yates et al.: Adaptive plasticity in vestibular influences on cardiovascular control, Brain Res. Bull, **53**, 1, pp.3-9(2000)
178) K. Tanaka et al.: Subsensory galvanic vestibular stimulation augments arterial pressure control upon head-up tilt in human subjects, Auton Neurosci, **166**, pp.66-71(2012)
179) R. J. St George et al.: Adaptation of vestibular signals for self-motion perception, J. Physiol., **589**, pp.843-853(2011)
180) https://de.wikipedia.org/wiki/Datei:Simulator-flight-compartment.jpg
181) K. Aoyama et al.: GVS RIDE In ACM, SIGGRAPH 2017 Emerging Technologies (2017)
182) https://hashilus.co.jp/works/swing-coaster/
183) 前田 太郎：前庭電気刺激による加速度知覚と応答反応の応用，応用物理，**90**, pp.555-559（2021）
184) 安藤 英由樹 ほか：映像情報メディア学会誌，**62**, 6（2008）
185) 岩﨑 真一：両側前庭障害に対する新規治療の開発，現代医学，**68**, 1, pp.60-64（2021）
186) S. W. Mackenzie et al.: Comparing Ocular Responses to Caloric Irrigation and Electrical Vestibular Stimulation in Vestibular Schwannoma, Front. Neurol., **8**,10(2019)
187) G. S. Brindley and W. S. Lewin: The visual sensations produced by electrical stimulation of the medical occipital cortex, J. Physiol., **194**, 2, pp.54-59(1968)
188) W. H. Dobelle: Artificial vision for the blind by connecting a television camera to the visual cortex, ASAIO J., **46**, 1, pp.3-9（2000）
189) 寺澤 靖雄：脈絡膜上経網膜刺激方式人工視覚システムに関する研究，奈良先端科学技術大学院大学物質創成科学研究科博士論文（2009）
190) M. S. Humayun et al.: Visual perception in a blind subject with a chronic microelectronic retinal prosthesis, Vision Res., **43**, 24, pp.2573-2581（2003）
191) H. Kanda et al.: Electrophysiological studies of the feasibility of suprachoroidal-transretinal stimulation for artificial vision in normal and rcs rats, Invest Ophthalmol Vis Sci, **45**, 2, pp.560-566（2004）
192) K. Nakauchi et al.: Transretinal electrical stimulation by an intrascleral multichannel electrode array in rabbit eyes, Graefes Arch. Clin. Exp.Ophthalmol., **243**, 2, pp.169-174(2005)
193) C. Veraart et al.: Visual sensations produced by optic nerve stimulation using an implanted self-sizing spiral cuff electrode, Brain Research, **813**, 1, pp.181-186(1998)
194) 松尾 俊彦，内田 哲也：岡山大学式人工網膜，http://achem.okayama-u.ac.jp/polymer/hyoushi.html
195) R. Kanai et al.: Frequency-dependent electrical stimulation of the visual cortex, Curr Biol., **18**, 23, pp.1839-1843(2008)

196）C. M. Schwiedrzik: Retina or visual cortex? The site of phosphene induction by transcranial alternating current stimulation, Front. Integr, Neurosci., **3**, pp.1-2(2009)

197）D. J. Schutter and R. Hortensius: Retinal origin of phosphenes to transcranial alternating current stimulation, Clin. Neurophysiol., **121**, pp.1080-1084(2010)

198）K. Kar and B. Krekelberg: Transcranial electrical stimulation over visual cortex evokes phosphenes with a retinal origin, J. Neurophysiol., **108**, 8, 2173-2178(2012)

199）I. Laakso and A. Hirata: Computational analysis shows why transcranial alternating current stimulation induces retinal phosphenes, J. Neural Eng., **10**, 4:046009(2013)

200）樋口 大貴 et al.：多電極視神経電気刺激が惹起する眼内閃光の光源位置制御手法，vrsj 論文誌，**21**，4，pp.613-616（2016）

201）D. Higuchi et al.: Position Shift of Phosphene and Attention Attraction in Arbitrary Direction with Galvanic Retina Stimulation, Augmented Human 2017

202）H. Akiyama et al.: Electrical Stimulation Method Capable of Presenting Visual Information Outside the Viewing Angle, International Conference on Artificial Reality and Telexistence & Eurographics Symposium on Virtual Environments 2017

203）青山 一真 et al.：前庭電気刺激と視覚電気刺激を利用したバーチャルキャラクタから殴打される体験，Entertainment Computing 2017，pp.363-364（2017）

204）日本バーチャルリアリティ学会 編：バーチャルリアリティ学，コロナ社（2011）

205）Small SA, Heeger DJ：カンデル神経科学 5ed. In. Kandel ER, Schwartz JH, et al., (eds)：認知の機能的イメージング，pp.421-436，メディカル・サイエンス・インターナショナル（2014）

206）T. Hummel and A. Livermore: Intranasal chemosensory function of the trigeminal nerve and aspects of its relation to olfaction, Int. Arch. Occup. Environ. Health 75, pp.305-313 (2002)

207）G. Kumar et al.: Olfactory hallucinations elicited by electrical stimulation via subdural electrodes: effects of direct stimulation of olfactory bulb and tract, Epilepsy & Behavior, **24**, 2, pp.264-268 (2012)

208）Yamamoto: Olfactory bulb potentials to electrical stimulation of the olfactory mucosa, Jpn. J. physiology, **11**, 5, pp.545-554 (1961)

209）Weiss, T. et al.: From nose to brain: Un-sensed electrical currents applied in the nose alter activity in deep brain structures. Cerebral Cortex, **26**, pp.4180-4191 (2016)

210）M. Straschill et al.: Effects of electrical stimulation of the human olfactory mucosa, Appl. Neurophysiol, **46**, pp.286-289 (1983)

211）T. Ishimaru et al.: Olfactory evoked potential produced by electrical stimulation of the human olfactory mucosa, Chem. Senses., **22**, pp.77-81 (1997)

212）E. H. Holbrook et al.: Induction of smell through transethmoid electrical stimulation of the olfactory bulb, International Forum of Allergy & Rhinology, **9**, 2 (2019)

213）S.Hariri et al.: Electrical stimulation of olfactory receptors for digitizing smell, Proceedings of the 2016 workshop on Multimodal Virtual and Augmented Reality, 4, pp.1-4 (2016)

214）K. Aoyama et al.: Electrical Generation of Intranasal Irritating Chemosensation, in IEEE Access, **9**, pp.106714-106724(2021)

215）O. D. Creutzfeldt et al.: Influence of transcortical d-c currents on cortical neuronal activity, Exp Neurol., **5**, pp.436-452 (1962)

216）A. Antal and C. S. Herrmann: Transcranial Alternating Current and Random Noise Stimulation: Possible Mechanisms, Neural Plast., **2016**, 19, pp.3616807-12 (2016)

217）M. Bikson et al.: Effects of uniform extracellular DC electric fields on excitability in rat hippocampal slices in vitro, J. Physiol., **557**, 1, pp.175-190 (2004)

218）Y. Wang: Transcranial direct current stimulation for the treatment of major depressive disorder: A meta-analysis of randomized controlled trials, Psychiatry Res., **276**, pp.186-190 (2019)

219）B. Vaseghi et al.: Does anodal transcranial direct current stimulation modulate sensory perception and pain? A meta-analysis study, Clin Neurophysiol., **125**, 9, pp.1847-1858 (2014)

220）J. Dedoncker et al.: A Systematic Review and Meta-Analysis of the Effects of Transcranial Direct Current Stimulation (tDCS) Over the Dorsolateral Prefrontal Cortex in Healthy and Neuropsychiatric Samples: Influence of Stimulation Parameters, Brain Stimul.. **9**, 4, pp.501-517 (2016)

221）L. E. Mancuso et al.: Does Transcranial Direct Current Stimulation Improve Healthy Working Memory?: A Meta-analytic Review, J. Cogn. Neurosci., **28**, 8, pp.1063-1089 (2016)

222）M. Cai et al.: Transcranial Direct Current Stimulation Improves Cognitive Function in Mild to Moderate Alzheimer Disease: A Meta-Analysis, Alzheimer Dis Assoc Disord., **33**, 2, pp.170-178 (2019)

223）F. Hashemirad et al.: The effect of anodal transcranial direct current stimulation on motor sequence learning in healthy individuals: A systematic review and meta-analysis, Brain Cogn. **102**, 5, pp.1-12 (2016)

224）N. Kang et al.: Effects of transcranial direct current stimulation on symptoms of nicotine dependence: A systematic review and meta-analysis, Addict Behav., **96**, 2, pp.133-139 (2019)

225）M. A. Nitsche and W. Paulus: Excitability changes induced in the human motor cortex by weak transcranial direct current stimulation, J Physiol (Lond)., **527**, 3, pp.633-639 (2000)

226）F. Fröhlich: Experiments and models of cortical oscillations as a target for noninvasive brain stimulation, Prog Brain Res., **222**, pp.41-73 (2015)

227）A. Guerra et al.: Phase Dependency of the Human Primary Motor Cortex and Cholinergic Inhibition Cancelation During Beta tACS., Cereb Cortex., **26**, 10, pp.3977-3990 (2016)

228）M. L. Alexander et al.: Double-blind, randomized pilot clinical trial targeting alpha oscillations with transcranial alternating current stimulation (tACS) for the treatment of major depressive disorder (MDD), Transl Psychiatry., **9**, 1, pp.106-12 (2019)

229）S. Ahn et al.: Identifying and Engaging Neuronal Oscillations by Transcranial Alternating Current Stimulation in Patients With Chronic Low Back Pain: A Randomized, Crossover, Double-Blind, Sham-Controlled Pilot Study, J. Pain., **20**, 3, pp.277.e1-277.e11 (2019)

230）B. Pollok et al.: The effect of transcranial alternating current stimulation (tACS) at alpha and beta frequency on motor learning, Behav Brain Res., **293**, pp.234-240 (2015)

231）J.-F. Wu et al.: Efficacy of transcranial alternating current stimulation over bilateral mastoids (tACSbm) on enhancing recovery of subacute post-stroke patients, Top Stroke Rehabil., **23**, 6, pp.420-429 (2016)

232）T. Nomura et al.: Transcranial alternating current stimulation over the prefrontal cortex enhances episodic memory recognition, Exp Brain Res., **237**, 7, pp.1709-1715 (2019)

233）H.-X. Wang et al.: Effect of Transcranial Alternating Current Stimulation for the Treatment of Chronic Insomnia: A Randomized, Double-Blind, Parallel-Group, Placebo-Controlled Clinical Trial, Psychother Psychosom., **89**, 1, pp.38-47 (2020)

234）S. Lang et al.: Theta band high definition transcranial alternating current stimulation, but not transcranial direct current stimulation, improves associative memory performance, Sci Rep., **9**, 1, pp.8562-11 (2019)

235) D. Antonenko et al.: Effects of Transcranial Alternating Current Stimulation on Cognitive Functions in Healthy Young and Older Adults, Neural Plast., **2016**, 1, pp.4274127-13 (2016)
236) K. Klink et al.: The Modulation of Cognitive Performance with Transcranial Alternating Current Stimulation: A Systematic Review of Frequency-Specific Effects, Brain Sci. **10**, 12, p.932 (2020)
237) A. Del Felice et al.: Personalized transcranial alternating current stimulation (tACS) and physical therapy to treat motor and cognitive symptoms in Parkinson's disease: A randomized cross-over trial, NeuroImage: Clinical., **22**, 1, p.101768 (2019)
238) B. C. Preisig et al.: Selective modulation of interhemispheric connectivity by transcranial alternating current stimulation influences binaural integration, Proc Natl Acad Sci, **118**, (2021)
239) R. M. G. Reinhart and J. A. Nguyen: Working memory revived in older adults by synchronizing rhythmic brain circuits, Nat Neurosci., **464**, 1, pp.529-827 (2019)
240) R. Camilleri et al.: The application of online transcranial random noise stimulation and perceptual learning in the improvement of visual functions in mild myopia, Neuropsychologia. **89**, 2, pp.225-231 (2016)
241) G. Salemi et al.: Application of tRNS to improve multiple sclerosis fatigue: a pilot, single-blind, sham-controlled study, J. Neural Transm, **126**, 6, pp.795-799 (2019)
242) J. Peña et al.: Improvement in creativity after transcranial random noise stimulation (tRNS) over the left dorsolateral prefrontal cortex, Sci Rep., **9**, 1, pp.7116-9 (2019)
243) C. Evans et al.: The efficacy of transcranial random noise stimulation (tRNS) on mood may depend on individual differences including age and trait mood, Clin Neurophysiol., **129**, 6, pp.1201-1208 (2018)
244) W. T. To et al.: The added value of auditory cortex transcranial random noise stimulation (tRNS) after bifrontal transcranial direct current stimulation (tDCS) for tinnitus, J. Neural Trans., **124**, 1, pp.79-88 (2017)
245) D. P. Spiegel et al.: Transcranial direct current stimulation enhances recovery of stereopsis in adults with amblyopia, Neurotherapeutics, **10**, 4, pp.831-839 (2013)
246) R. D. Lazzari et al.: Effect of Transcranial Direct Current Stimulation Combined With Virtual Reality Training on Balance in Children With Cerebral Palsy: A Randomized, Controlled, Double-Blind, Clinical Trial, J. Mot. Behav., **49**, 3, pp.329-336 (2017)
247) S. J. Lee and M. H. Chun:Combination transcranial direct current stimulation and virtual reality therapy for upper extremity training in patients with subacute stroke, Arch. Phys. Med. Rehabil., **95**, 3, pp.431-438 (2014)
248) X. Yao et al.: Effects of transcranial direct current stimulation with virtual reality on upper limb function in patients with ischemic stroke: a randomized controlled trial, J Neuroeng Rehabil, **17**, 1, pp.73-78 (2020)
249) R. T. Viana et al.: Effects of the addition of transcranial direct current stimulation to virtual reality therapy after stroke: a pilot randomized controlled trial, NeuroRehabilitation, **34**, 3, pp.437-446 (2014)
250) P. Ciechanski et al.: Effects of Transcranial Direct-Current Stimulation on Neurosurgical Skill Acquisition: A Randomized Controlled Trial, World Neurosurg, **108**, pp.876-884.e4 (2017)
251) A. K. Brem et al.: Modulating fluid intelligence performance through combined cognitive training and brain stimulation, Neuropsychologia, **118**, Pt A, pp.107-114 (2018)
252) W.-Y. Hsu et al.: Enhancement of multitasking performance and neural oscillations by transcranial alternating current stimulation, PLoS ONE, **12**, 5, p.e0178579 (2017)

253) P. Riva et al.: Neuromodulation can reduce aggressive behavior elicited by violent video games, Cogn Affect Behav Neurosci, **7**, 2, pp.452-459 (2017)

254) K. Park: Neuro-doping: The rise of another loophole to get around anti-doping policies, Cogent Social Sciences, **3**, p.1360462 (2017)

255) E. Shaw: Neurodoping in Chess to Enhance Mental Stamina, Neuroethics, pp.1-14 (2021)

256) S. Halakoo et al.: The comparative effects of unilateral and bilateral transcranial direct current stimulation on motor learning and motor performance: A systematic review of literature and meta-analysis, J. Clin Neurosci., **72**, pp.8-14 (2020)

257) A. Hasan et al.: Impaired motor cortex responses in non-psychotic first-degree relatives of schizophrenia patients: a cathodal tDCS pilot study, Brain Stimul. **6**, 5, pp.821-829 (2013)

258) J. Grundey et al.: Neuroplasticity in cigarette smokers is altered under withdrawal and partially restituted by nicotine exposition, J. Neurosci. **32**, 12, pp.4156-4162 (2012)

259) N. Thirugnanasambandam et al.: Nicotinergic impact on focal and non-focal neuroplasticity induced by non-invasive brain stimulation in non-smoking humans., Neuropsychopharmacology, **36**, 4, pp.879-886 (2011)

260) F. H. Kasten et al.: Integrating electric field modeling and neuroimaging to explain inter-individual variability of tACS effects., Nat Commun. **10**, 1, pp.5427-11 (2019)

261) A. Thielscher et al.: Field modeling for transcranial magnetic stimulation: A useful tool to understand the physiological effects of TMS?, Conf Proc IEEE Eng. Med. Biol. Soc., **2015**, pp.222-225 (2015)

262) H. Thair et al.: Transcranial Direct Current Stimulation (tDCS): A Beginner's Guide for Design and Implementation, Front Neurosci., **11**, p.641 (2017)

263) G. Batsikadze et al.: Partially non-linear stimulation intensity-dependent effects of direct current stimulation on motor cortex excitability in humans., J Physiol (Lond)., **591**, 7, pp.1987-2000 (2013)

264) M. Bikson et al.: Safety of Transcranial Direct Current Stimulation: Evidence Based Update 2016., Brain Stimul. **9**, 5, pp.641-661 (2016)

265) 臨床神経生理学会 脳刺激法に関する小委員会：磁気刺激法の安全性に関するガイドライン（2019年版），臨床神経生理学，**47**，2，pp.126-130（2019）

266) A.T. Barker et al.: Non-invasive magnetic stimulation of human motor cortex. Lancet, **325**, 8437, pp.1106-1107 (1985)

267) S. Ueno et al.: Localized stimulation of neural tissues in the brain by means of a paired configuration of time-varying magnetic fields, J. Appl. Phys., **64**, pp.5862-5862 (1998)

268) S. Ueno et al.: Functional mapping of the human motor cortex obtained by focal and vectorial magnetic stimulation of the brain, IEEE Trans. on Magnetics, **26**, 1539 (1990)

269) F. Grandori and P. Ravazzani: Magnetic stimulation of the motor cortex: Theoretical considerations, IEEE Trans. Biomed. Eng., **38**, p.180 (1991)

270) V. W. Lin et al.: Magnetic coil design considerations for functional magnetic stimulation, IEEE Trans. Biomed. Eng., **47**, 5, p.600 (2000)

271) K. H. Hsu and D. M. Durand: A 3-D differential coil design for localized magnetic stimulation, IEEE Trans. Biomed. Eng., **48**, 10, p.1162 (2001)

272) W. Penfield and H.Jasper: Epilepsy and the functional anatomy of the human brain, Little Brown & Co. (1954)

273) Amassian VE et al.: Suppression of visual perception by magnetic coil stimulation of human occipital cortex. Electroencephalography and clinical Neurophysiology, **74**, pp.458-462 (1989)

274) A. Priori et al.: Some saccadic eye movements can be delayed by transcranial magnetic

stimulation of the cerebral cortex in man. Brain, **116**, pp.355-367 (1993)

275) R. M. Muri et al.: Effects of single-pulse transcranial magnetic stimulation over the prefrontal and posterior parietal cortices during memory-guided saccades in humans. Journal of Neurophysiology, **76**, pp.3102-2106 (1996)

276) Y. Kamitani, S. Shimojo: Manifestation of scotomas created by transcranial magnetic stimulation of human visual cortex. Nat Neurosci, **2**, pp.767-771 (1999)

277) V. Walsh, A. Cowey: Transcranial magnetic stimulation and cognitive neuroscience, Nature Reviews Neuroscience, **1**, pp.73-80(2000)

278) P. A. Merton and H.B. Morton: Stimulation of the cerebral cortex in the intact human subject. Nature, **285**, pp.227-227 (1980)

279) J. C. Rothwell et al.: Stimulation of the human motor cortex through the scalp, Exp. Physiol., **76**, pp.159-200 (1991)

280) O. Blanke et al.: Linking Out-of-Body Experience and Self Processing to Mental Own-Body Imagery at the Temporoparietal Junction, J. Neurosci., **25**, 3, pp.550-557(2005)

281) T. Kujirai et al.: Corticocortical inhibition in human motor cortex. J. Physiol., **471**, pp.501-519(1993)

282) B. Lenggenhager et al.: Video Ergo Sum: Manipulating Bodily Self-Consciousness, Science, **317**, pp.1096-1099 (2007)

283) N. Yeh and N. S.Rose: How Can Transcranial Magnetic Stimulation Be Used to Modulate Episodic Memory?, A Systematic Review and Meta-Analysis. Frontiers in psychology, **10**, p.993 (2019)

284) O. Bjoertomt et al.: Spatial neglect in near and far space investigated by repetitive transcranial magnetic stimulation, Brain, **125**, pp.2012-2022 (2002)

285) M. Tsakiris et al.: : The role of the right temporo-parietal junction in maintaining a coherent sense of one's body, Neuropsychologia, **46**, pp.3014-3018 (2008)

286) A. Wold et al.: Proprioceptive drift in the rubber hand illusion is intensified following 1 Hz TMS of the left EBA, In Frontiers in Human Neuroscience, **8**, p.390 (2014)

287) 臨床神経生理学会 脳刺激法に関する小委員会：磁気刺激法の安全性に関するガイドライン（2019年版），**47**，2，pp.126-130 （2019）

288) 磁気刺激法に関する委員会：磁気刺激法に関する委員会報告No.10，臨床神経生理，**34**，pp.71-72 （2006）

289) E.M. Wassermann: Risk and safety of repetitive magnetic stimulation: report and suggested guidelines from the international workshop on the safety of repetitive transcranial magnetic stimulation, June 5-7, 1996. Electroencephalogr Clin Neurophysiol., **108**, 1, pp.1-16 (1998)

290) R. Chen et al.: Safety of different inter-train intervals for repetitive transcranial magnetic stimulation and recommendations for safe range of stimulation parameters, Electroencephalogr Clin Neurophysiol., **105**, pp.415-421 (1997)

291) S. Rossi et al.: The Safety of TMS Consensus Group: Safety, ethical considerations, and application guidelines for the use of transcanial magnetic stimulation in clinical practice and research, Clin Neurophysiol., **120**, pp.2008-2039 (2009)

292) M. Bassolino et al.: Non-invasive brain stimulation of motor cortex induces embodiment when integrated with virtual reality feedback, Eur. J. Neurosci., **47**, 7, pp.790-799(2018)

293) S. Notzon et al.: Psychophysiological effects of an iTBS modulated virtual reality challenge including participants with spider phobia, Biol. Psychol., **112**, pp.66-76 (2015)

294) N.N. Johnson et al.: Combined rTMS and virtual reality brain-computer interface training for motor recovery after stroke, J. Neural Eng., **15**, 016009 (2018)

295) M. P. Kammers et al.: Is this hand for real? Attenuation of the rubber hand illusion by transcranial magnetic stimulation over the inferior parietal lobule. J. Cogn. Neurosci., **21**, pp.1311-1320(2009)

296) 天野 修, 草間 薫：口腔生物学各論唾液腺, 学建書院 (2006)

297) B. Jagdhari et al.: To evaluate the effectiveness of transcutaneous electric nerve stimulation (TENS) in patients with hyposalivation: A pilot study, IOSR Journal of Dental and Medical Sciences, **13**, 9, pp.74-77(2014)

298) H. Aggarwal et al.: Evaluation of the effect of transcutaneous electrical nerve stimulation (TENS) on whole salivary flow rate. Journal of clinical and experimental dentistry, **7**, 1, pp.13-17(2015)

299) M. Edgar et al. 著 渡部 茂 監訳：唾液—歯と口腔の健康原著第 4 版, 医歯薬出版 (2014)

300) 渡部茂ほか：塩酸ピロカルピン固体分散体製剤の唾液分泌効果, 歯科薬物療法, **16**, 3, pp.131-136 (1997)

301) I. Dawidson et al.: The influence of acupuncture on salivary flow rates in healthy subjects. Journal of Oral Rehabilitation, **24**, 3, pp.204-208(1997)

302) T. Nozomi et al.: Electrical Stimulation Promotes Saliva Secretion: Proposition of Novel Interaction via Saliva Secretion, CHI Extended Abstracts, pp.1-7(2020)

303) M. Brinton et al.: Electronic enhancement of tear secretion, J. Neural Eng., **13**, 1:016006(2016)

304) M. Brinton et al.: Enhanced Tearing by Electrical Stimulation of the Anterior Ethmoid Nerve, Invest Ophthalmol Vis Sci., **58**, 4, pp.2341-2348(2017)

305) A.L. Kossler et al.: Chronic Electrical Stimulation for Tear Secretion: Lacrimal vs. anterior ethmoid nerve. Ocul Surf., **17**, 4, pp.822-827(2019)

306) N.J. Friedman et al.: A nonrandomized, open-label study to evaluate the effect of nasal stimulation on tear production in subjects with dry eye disease, Clin Ophthalmol., **10**, pp.795-804(2016)

4 章

1) R. Anandanatarajan: Biomedical Instrumentation and Measurements, pp.177-189, Prentice-Hall of India Pvt.(2010)

2) E. K. Greenwald: Electrical Hazards and Accidents, pp.28-36, Wiley(1991)

3) C. Spies and R. G. Trohman: Narrative review: Electrocution and life-threatening electrical injuries. Annals of Internal Medicine, **145**, 7, pp.531-537(2006)

4) M. L. Sole et al.: In- troduction to Critical Care Nursing: Edition 6, pp.615-617, Saunders(2013)

5) J. Marx et al.: Rosen's Emergency Medicine - Concepts and Clinical Practice: Edition 8, pp.808-809, Saunders(2013)

6) T. Suzuki et al.: Experimental studies of moderate temperature burns, Burns, **17**, 6, pp.443-451(1991)

7) IEC. IEC 60479-1: Effects of current on human beings and livestock(2016)

8) IEC. World plugs(2017)

9) L. C. Eales: Protection against shock to earth, IEEE Journal on Electric Power Applications, **1**, 1, pp.25-30(1978)

10) C. F. Dalziel: Electric shock hazard, IEEE Spectrum, **9**, 2, pp.41-50(1972)

11) 竹谷 是幸：IEC 規格による電気安全, pp.27-41, 理工図書 (2001)

12) D. Prasad et al.: Electric shock and human body, International Journal of Electrical and Power Engineering, **4**, 3, pp.177-181(2010)

13) IEC. IEC 61200: Electrical installation guide. IEC(2007)

14) 高橋 健彦：接地・等電位ボンディング設計の実務知識, pp.8-23, オーム社（2003）

15) S. Grimnes: Dielectric breakdown of human skin in vivo, Medical and Biological Engineering and Computing, **21**, 3, pp.379-381（1983）

16) James L. Mason et al.: Pain sensations associated with electrocutaneous stimulation. IEEE Trans. Biomed. Eng., **23**, 5, pp.405-409(1976)

17) T. Yamamoto et al.: Formative mechanisms of current concentration and breakdown phenomena dependent on direct current flow through the skin by a dry electrode, IEEE Trans. Biomed. Eng., **33**, 4, pp.396-404（1986）

18) J. P. Reilly: Applied Bioelectricity - From Electrical Stimulation to Electropathology, pp.52-60, Springer(1998)

19) International Commission on Non-Ionizing Radiation Protection. Guidelines for limiting exposure to time-varying electric, magnetic, and electromagnetic fields (up to 300 ghz). Health Physics, **74**, 4, pp.494-522(1998)

20) I. Chatterjee et al.: Human body impedance and threshold currents for perception and pain for contact hazard analysis in the vlf-mf band, IEEE Trans. Biomed. Eng., **33**, 5, pp.486-494(1986)

21) J. Y. Chen and O. P. Gandhi: Thermal implications of high sars in the body extremities at the ansi-recommended mf-vhf safety levels, IEEE Trans. Biomed. Eng., **35**, 6, pp.435-441(1988)

22) M. Hoque and O. P. Gandhi: Temperature distributions in the human leg for vlf-vhf exposures at the ansi-recommended safety levels, IEEE Trans. Biomed. Eng., **35**, 6, pp.442-449(1988)

23) O. P. Gandhi et al.: Currents induced in a human being for plane-wave exposure conditions 0-50 mhz and for rf sealers, IEEE Trans. Biomed. Eng., **33**, 8, pp.757-767(1986)

24) S. Tofani et al.: Induced foot-currents in humans exposed to vhf radio-frequency em fields, IEEE Trans. on Electromagnetic Compatibility, **37**, 1, pp.96-99(1995)

25) Limit Values for Chemical Substances and Physical Agents and Biological Exposure Indices. American Conference of Governmental Industrial Hygienists, 1995.

26) J. D. Ramsey and Y. C. Kwon: Simplified decision rules for predicting perfor- mance loss in the heat, In Proceedings on Heat Stress Indices(1988)

27) A. Patriciu et al.: Detecting skin burns induced by surface electrodes, In 2001 Conference Proceedings of the 23rd Annual International Conference of the IEEE Engineering in Medicine and Biology Society, **3**, pp.3129-3131(2001)

28) A. Patriciu et al.: Current density imaging and electrically induced skin burns under surface electrodes, IEEE Trans. Biomed. Eng., **52**, 12, pp.2024-2031(2005)

29) IEC. IEC-60479-2: Effects of currents on human beings and livestock - Part 2: Special aspects. IEC(2017)

30) International Telecommunications Union Recommendation. Limits for peo- ple safety related to coupling into telecommunications system from a.c. electric power and a.c. electrified railway installations in fault conditions. ITU-T Recommendations, Vol. K.33(1997)

31) T. G. Zimmerman: Personal area networks (pan): Near-field intrabody communication. Master's thesis, Massachusetts Institute of Technol- ogy(1995)

32) Federal Communications Commission (FCC). PART 15 RADIO FREQUENCY. Federal Communications Commission (FCC), Washington(2010)

33) N. J. Cherry: Criticism of the health assessment in the icnirp guidelines for radiofrequency and microwave radiation (100 khz-300 ghz), CRITICISM(2002)

34）　M. Kono et al.: Design guideline for developing safe systems that apply electricity to the human body, ACM Trans. Comput.-Hum. Interact., **25**, 3(2018)

35）　吉元 俊輔 ほか：人体通電の影響と安全基準, 生体医工学, **58**, 4-5, pp.147-159（2020）

5 章

1）　青山 一真 ほか：電気刺激による空中での物体接触感と硬さの提示, 電子情報通信学会論文誌, **J101-D**, 2, pp.414-422（2018）

2）　E. Tamaki et al.: PossessedHand: techniques for controlling human hands using electrical muscles stimuli, In Proceedings of the SIGCHI Conference on Human Factors in Computing Systems (CHI '11), pp.543-552(2011)

3）　UnlimitedHand: http://unlimitedhand.com/

4）　H. Miyashita: Taste Display that Reproduces Tastes Measured by a Taste Sensor, In Proceedings of the 33rd Annual ACM Symposium on User Interface Software and Technology (UIST '20), pp.1085-1093(2020)

5）　小林 未侑, 宮下 芳明：TeleSalty：リアルタイムで塩味を伝える通信システム, エンタテインメントコンピューティングシンポジウム論文集, 2021, pp.276-280（2021）

6）　クトゥルフシールド：https://www.switch-science.com/products/6112#erid10852511

7）　前田 太郎 ほか：前庭感覚電気刺激を用いた感覚の提示, バイオメカニズム学会誌, **31**, 2, pp.82-89（2007）

8）　冨田 寛 ほか：電気味覚計（Elgustometer）, 日本耳鼻咽喉科学会会報, **72**, 4, pp.868-875（1969）

9）　C. Fujimoto et al. Noisy galvanic vestibular stimulation has a greater ameliorating effect on posture in unstable subjects: a feasibility study, Sci. Rep., **9**, 1, 17189 (2019)

10）　Victoria Co. Ltd. オーデコ事業部：https://www.victoria.ne.jp/page0103.html

11）　Z. Narita et al.: The effect of transcranial direct current stimulation on psychotic symptoms of schizophrenia is associated with oxy-hemoglobin concentrations in the brain as measured by near-infrared spectroscopy: A pilot study., J. Psychiatr Res., 103, pp.5-9(2018)

12）　J.-F. Wu et al.: Efficacy of transcranial alternating current stimulation over bilateral mastoids (tACSbm) on enhancing recovery of subacute post-stroke patients, Top Stroke Rehabil., **23**, 6, pp.420-429 (2016)

13）　T. Shigematsu et al.: Transcranial direct current stimulation improves swallowing function in stroke patients, Neurorehabil Neural Repair, **27**, 4, pp.363-369(2013)

14）　YAMAN oline shop: https://www.ya-man.com/shop/category/biganki/

15）　Panasonic イオン美顔器イオンブースト EH-ST99：https://panasonic.jp/face/products/ionboost/EH-ST0A.html

索　　　引

――― 編著者・著者略歴 ―――

青山　一真（あおやま　かずま）
2016 年　大阪大学大学院情報科学研究科博士課程修了（バイオ情報工学専攻），博士（情報科学）
2023 年　群馬大学准教授，ならびに東京大学特任准教授，現在に至る

安藤　英由樹（あんどう　ひでゆき）
1999 年　愛知工業大学大学院工学研究科修士課程修了（電気電子工学専攻）
2004 年　博士（情報理工学）（東京大学）
2020 年　大阪芸術大学教授，現在に至る

玉城　絵美（たまき　えみ）
2011 年　東京大学大学院学際情報学府博士後期課程修了（総合分析情報学コース），博士（学際情報学）
2021 年　H2L 株式会社代表取締役，ならびに琉球大学教授，現在に至る

Yem Vibol（ヤェム ヴィボル）
2015 年　筑波大学大学院システム情報工学研究科博士後期課程修了（知能機能システム専攻），
　　　　　博士（工学）
2023 年　筑波大学准教授，現在に至る

髙橋　哲史（たかはし　あきふみ）
2022 年　電気通信大学大学院情報理工学研究科博士課程修了（情報学専攻），博士（工学）
2022 年　シカゴ大学研究員，現在に至る

中村　裕美（なかむら　ひろみ）
2014 年　明治大学大学院理工学研究科博士課程修了（新領域創造専攻），博士（工学）
2020 年　東京大学特任准教授，現在に至る

前田　太郎（まえだ　たろう）
1987 年　東京大学工学部計数工学科卒業
1994 年　博士（工学）（東京大学）
2007 年　大阪大学教授，現在に至る

武見　充晃（たけみ　みつあき）
2015 年　慶應義塾大学大学院理工学研究科後期博士課程修了（基礎理工学専攻），博士（工学）
2021 年　慶應義塾大学特任講師，現在に至る

雨宮　智浩（あめみや　ともひろ）
2004 年　東京大学大学院情報理工学系研究科修士課程修了（知能機械情報学専攻）
2008 年　博士（情報科学）（大阪大学）
2023 年　東京大学教授，現在に至る

河野　通就（こうの　みちなり）
2018 年　東京大学大学院学際情報学府博士後期課程単位取得退学，博士（学際情報学）

北尾　太嗣（きたお　たかし）
2015 年　大阪大学大学院情報科学研究科修士課程修了（バイオ情報工学専攻）
2020 年　Ghoonuts 株式会社取締役，現在に至る

神経刺激インタフェース （バーチャルリアリティ学ライブラリ 2)

Nerve Stimulation Interface

© 特定非営利活動法人　日本バーチャルリアリティ学会 2024

2024 年 3 月 28 日　初版第 1 刷発行　　　　　　　　　　　　　　★

検印省略	編　　者	特定非営利活動法人
		日本バーチャルリアリティ学会
	編 著 者	青　山　一　真
	発 行 者	株式会社　コ ロ ナ 社
		代 表 者　牛 来 真 也
	印 刷 所	壮 光 舎 印 刷 株 式 会 社
	製 本 所	株式会社　グ リ ー ン

112–0011　東京都文京区千石 4–46–10

発 行 所　株式会社　コ ロ ナ 社

CORONA PUBLISHING CO., LTD.

Tokyo Japan

振替00140-8-14844・電話(03)3941-3131(代)

ホームページ　https://www.coronasha.co.jp

ISBN 978-4-339-02692-4　C3355　Printed in Japan　　　　（新宅）